SCHÄFFER
POESCHEL

Esin Bozyazi

Business-Design-Workshops

Inspiration für Innovatoren und Start-ups

2017
Schäffer-Poeschel Verlag Stuttgart

Autorin:

Prof. Dr. Esin Bozyazi

Mit Beiträgen von:

Prof. Wolfgang Grillitsch

Kathrin Redmann

Kerstin Schenk

Dominique Stroh

Torsten Wolf

Bibliografische Information der Deutschen Nationalbibliothek
Die Deutsche Nationalbibliothek verzeichnet diese Publikation
in der Deutschen Nationalbibliografie; detaillierte bibliografische
Daten sind im Internet über <http://dnb.d-nb.de> abrufbar.

Gedruckt auf chlorfrei gebleichtem, säurefreiem
und alterungsbeständigem Papier

Print: ISBN 978-3-7910-4004-2   Bestell-Nr. 10229-0001
ePDF: ISBN 978-3-7910-4005-9   Bestell-Nr. 10229-0150

© 2017 Schäffer-Poeschel
Verlag für Wirtschaft · Steuern · Recht GmbH
www.schaeffer-poeschel.de
service@schaeffer-poeschel.de

Umschlagentwurf: Goldener Westen, Berlin
Umschlaggestaltung: Kienle gestaltet, Stuttgart
Satz: Marianne Wagner
Druck und Bindung: BELTZ Bad Langensalza GmbH,
Bad Langensalza
Printed in Germany

November 2017

Schäffer-Poeschel Verlag Stuttgart
Ein Tochterunternehmen der Haufe Gruppe

Inhaltsverzeichnis

Idee und Struktur

The digital disruption has already happened.
Sandy Carter, Marketingexpertin bei IBM

Sandy Carter verantwortet die Gründerinitiative Global Entrepreneurs. Anhand von ausgewählten Beispielen stellte sie in ihren Präsentationen auf der TiEcon, der weltweit größten Gründerkonferenz, die fünf wichtigsten Technologien der Zukunft vor:

* Künstliche Intelligenz,
* Internet der Dinge,
* Gamification,
* Blockchain und
* Design Thinking.

Design Thinking ist allerdings keine Technologie, sondern eher eine Methodik bzw. ein Mindset für innovative Unternehmen. Unsere These: Design Thinking wird in Zukunft für Innovationen eine sehr wichtige Rolle spielen.

Auch in Deutschland prägen diese Themen die aktuelle Managementdebatte. Ein typisch deutscher Begriff im Kontext Internet der Dinge ist Industrie 4.0.

Diese Entwicklungen gehören zu den Gründen, weshalb wir uns mit Innovationen und Business Design beschäftigen müssen. Das klassische Innovationsmanagement wird nicht mehr allen Kundenanforderungen und technologischen Entwicklungen gerecht. Neue Methoden sind schon in aller Munde: Design Thinking, Human-Centered-Design, Business-Model-Canvas, Value Design usw. – die Design-Revolution im Management hat bereits begonnen!

Wie gehen Unternehmen mit Veränderungen um? Wo sollen sie ansetzen! Wie digital muss man sein? Wie kann man das bestehende Geschäftsmodell – das Business Design – anpassen, ändern oder komplett neu gestalten? Müssen Manager auch Designer werden?

Dieses Buch gibt Antworten auf die genannten Fragen – auch auf die letzte: Ja, Manager müssen Designer werden und kontinuierlich an ihrer Business-Design-Qualität arbeiten. Weshalb das so ist und den Weg dahin, erläutern die einzelnen Kapitel.

Alte bzw. klassische Unternehmensstrukturen oder Strukturen in den Köpfen von Unternehmern bzw. Entrepreneuren werden nicht leicht und schnell verändert. Aber »klassische« Manager können für die neuen Ansätze

Idee und Struktur

Einleitung

Business-Design-Rad

Ecosystem und Network

Fallstudien

Ausblick

Stichwortregister

Autorin

Beitragsautoren

Danksagung

begeistert werden. Das Ziel ist es, die Leser zu Innovationen zu ermutigen: kreativ wie ein Kind zu sein, das Unternehmen mit Freude voranzubringen, innovativ zu sein. Es ist nie zu spät für Innovationen – auch wenn der amerikanische Vorsprung so groß erscheint. Stehen auch Sie zum Teil ratlos vor den vielen neuen Begriffen/Ansätzen in der heutigen digitalen Businesswelt?

Dieses Buch vermittelt kreative, neue Ansätze und Methoden für das Business Design, die leicht umsetzbar sind. Drei Fallbeispiele in Form von Innovationsworkshops zeigen, wie es geht. Der Ablauf der Fallstudien besteht aus drei Schritten:

- Wie bereite ich einen Innovationsworkshop vor,
- wie wird er durchgeführt und
- welche Ergebnisse ergeben sich aus dem Workshop?

Das Buch wendet sich insbesondere an Unternehmer, Innovatoren in Unternehmen (also Intrapreneure) sowie Gründer/Start-ups (Entrepreneure). Es soll dazu inspirieren, mit Ansätzen wie Design Thinking und Digital-Business-Design zu arbeiten, neugierig und offen für neue Methoden und Innovationen zu sein. Dann können die Grundlagen, Tools und Methoden ein Wegweiser für die Umsetzung im eigenen Unternehmen sein. Die Fallstudien von Unternehmen unterschiedlicher Größe aus verschiedenen Branchen bieten nützliche Details. Sie können für die Umsetzung einzelne Tools und Methoden auswählen und dabei die Tipps der Experten nutzen, falls Sie in der Gestaltung von Workshops noch wenig Erfahrungen haben. Zudem werden Sie – je nach Zusammensetzung der Teams – in jedem Workshop andere Erfahrungen machen. Ihre Erfahrungen und Fragen können Sie gerne auf der Homepage zum Buch mit uns teilen. Sie können dort Ihre offenen Fragen mit Experten und Autoren diskutieren und die zusätzlichen, dort zu Verfügung gestellten Workshops nutzen. Wir wollen damit eine Business-Design-Community schaffen, die miteinander kommuniziert und Netzwerke bildet. Treten Sie in diese Community ein und seien auch Sie ein Design-Thinker – ein Business-Designer!

Quellen

Carter, Sandy: Vortrag Trending Technologies – Keynote: Five Trends that outthink.
https://www.youtube.com/watch?v=1lnjJ0G4-OU

1 Einleitung

1.1 Innovation

Was ist eine Innovation? Fachliteratur, Wissenschaft und Experten tun sich schwer, eine einheitliche, universell passende Definition für Innovation zu finden. Dies liegt zum einen an der Komplexität, die der Innovationsbegriff und dessen Strukturen mit sich bringen, zum anderen an den verschiedenen Blickwinkeln, aus denen Innovation betrachtet wird. So gibt es Innovationen in nahezu allen Geschäftsbereichen: Beschaffung, Produktion, Marketing usw. Es wird auch von Geschäftsmodell-Innovationen gesprochen, wenn ein neues Geschäftsmodell die Kundenbedürfnisse besser erfüllt und die bestehenden Branchenstrukturen grundsätzlich verändert, wie z. B. Dell Computer, Charles Schwab Corporation, ebay (vgl. Slywotzky 2001, S. 20). In gesellschaftlichen Bereichen gibt es sie in Form von sozialen Innovationen.

Als Innovation wird nicht nur eine Erfindung, eine neue Idee, ein neues Vorhaben, sondern auch öfters eine neue Kombination von vorhandenen wirtschaftlichen Möglichkeiten bezeichnet. Allerdings sind diese neuen Ideen/Kombinationen oder Erfindungen erst dann Inno-

vationen, wenn sie sich wirtschaftlich behaupten können. Also reicht es nicht aus, nur »kreativ« zu sein, um innovativ zu sein. Die Kreativität muss auch wirtschaftliche Erfolge am Markt vorweisen. Ob eine Idee, ein Vorhaben, eine technologische Erfindung innovativ ist, entscheiden die Kunden und die weiteren Marktakteure (User, Wettbewerber, Gesellschaft und sonstige Beteiligte). Deshalb stellen neue Ansätze zu Innovationen wie Business Design in erster Linie den Mensch in den Mittelpunkt. In diesem Buch wird dieser Aspekt im Kapitel »Design of People« ausführlich behandelt.

Nachhaltige Innovationen entstehen nur dann, wenn die neue Idee/das neue Produkt oder ein neuer Service

* ein Problem des Kunden löst oder ein Bedürfnis erfüllt, also vom Kunden bzw. User erwünscht ist, »Wünschbarkeit«, und
* mit den bereits vorhandenen Technologien machbar ist, »Machbarkeit« zudem
* am Markt erfolgreich verkauft wird, also profitabel ist – siehe Abbildung 1.1 »Wirtschaftlichkeit«.

Wenn diese drei Bedingungen erfüllt sind, spricht man

Idee und Struktur

Einleitung

Grundlagen des Business-Design-Rads

Ecosystem und Network

Fallstudien

Ausblick

Stichwortregister

Autorin

Beitragsautoren

Danksagung

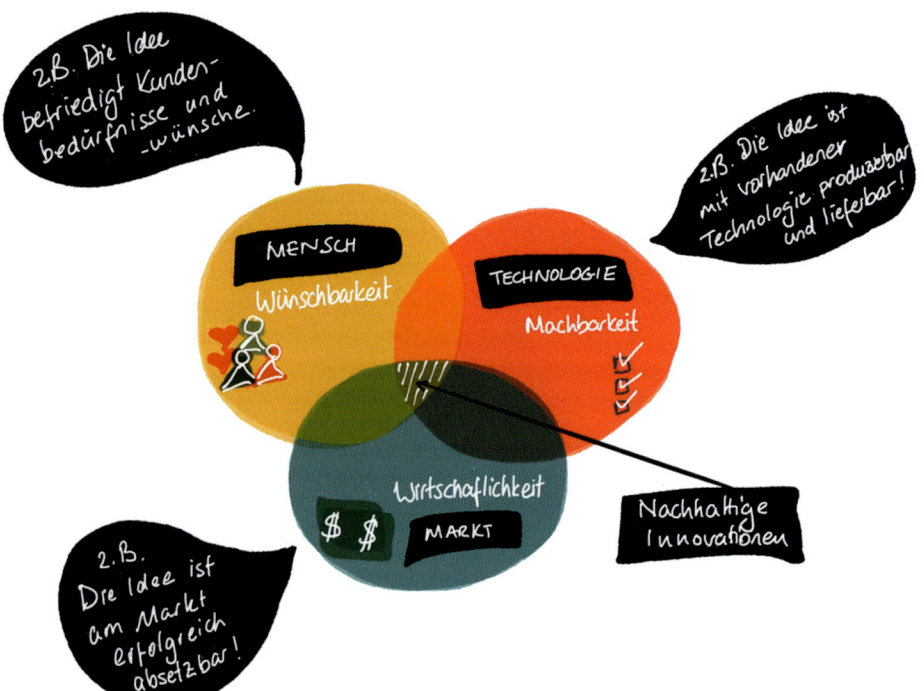

von nachhaltigen Innovationen. Dabei spielen alle Felder – die Marktbedingungen, die technologischen Voraussetzungen und vor allem auch der Mensch als Kunde – eine zentrale Rolle (Human Centered Design).

Abb. 1.1: Nachhaltige Innovationen – Voraussetzungen

1.2 Business-Design-Rad

We are on the cusp of a design revolution in business, as a result, todays business people don't need to understand designer better, they need to become designers. Martin, http://tinyurl.com/y8mcf-wbb

»Business Design« ist eine Kombination von Business Thinking und Design Thinking. Das klassische Business-Denken wird durch den Ansatz des Design Thinking erweitert. So entsteht eine neue Vorgehensweise, die Innovationen erleichtert.

Business Design ist ein humanzentrierter Ansatz zur Generierung von Innovationen. Dabei werden Design-Prinzipien und -Vorgehensweisen verwendet, um neue Werte und neue Formen von komparativen Vorteilen für Organisationen zu generieren. Im Kern ist Business Design die Integration von Kundenempathie, Erlebnis-Design und Business-Strategie (vgl. Martin, http://tinyurl.com/yd8pp5nc).

Das Business-Design-Rad (BD-Rad) in Abbildung 1.2 visualisiert die einzelnen Kapitel des Buches, die die wichtigsten Kernkompetenzen des Ansatzes darstellen. Das BD-Rad kann jederzeit, an jedem beliebigen Punkt

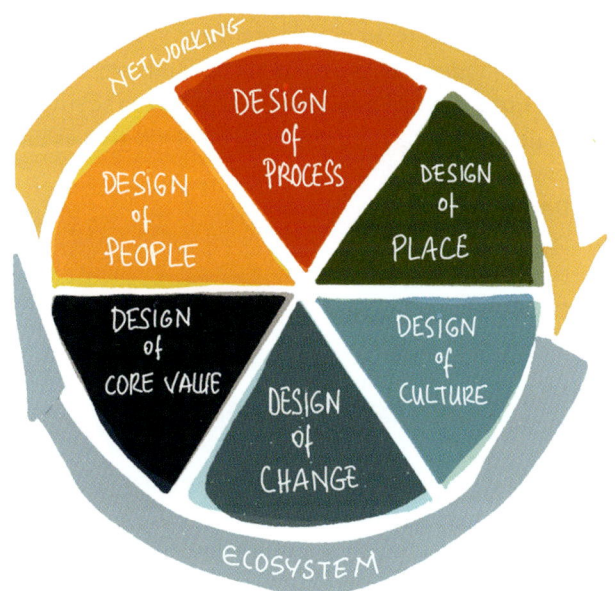

Abb. 1.2: Das Business-Design-Rad

zum Rollen gebracht werden. Sobald der Leser sich für einen Startpunkt entschieden hat, rollt das Rad los. Innovationen können in die Welt kommen!

Der »Leser« dieses Buches wird als Ausgangspunkt definiert, um die Veränderungen im Unternehmen (Innovationen) in die richtige Richtung zu lenken. Insbesondere Entrepreneure und Intrapreneure – müssen die neuen Methoden zuerst verinnerlichen, um ein Vorbild für das Unternehmen sowie die Gesellschaft zu sein.

In den einzelnen Bereichen des BD-Rads geht es um folgende Schwerpunkte:

- Design of People,
- Design of Process,
- Design of Place,
- Design of Culture,
- Design of Change,
- Design of Core Value,
- Ecosystem und Design of Network.

Die inneren Bereiche des BD-Rades bestehen aus sechs Kernsegmenten, welche die BD-Ansätze aus der Sicht der Organisation betrachten. Sie sind innerhalb der Organisation anzuwenden. Jedes der sechs Segmente beinhaltet ein Unterkapitel des zweiten Kapitels.

Das Ecosystem beschreibt die Beziehung der Organisation nach außen. Diese wird nicht nur durch die politischen und gesellschaftlichen Einflüsse beeinflusst, sondern unter Umständen auch von den inneren Segmenten. Die Beziehungen der Segmente nach außen (durch die Spei-

chen und Ränder des inneren Rades) können das Ökosystem automatisch (eher passiv) positiv verändern/beeinflussen. Vorbildfunktion oder Konkurrenz regen andere Unternehmen z. B. zu Nachahmungen an. Selbstverständlich können/sollten die Organisationen durch Netzwerkbildung und Netzwerkdenken Innovationen aktiv beeinflussen. Diese Beziehungen zwischen dem inneren Rad und der Außenwelt behandelt das dritte Kapitel.

Dieses Buch hat einen starken Praxisbezug: Im vierten Kapitel beschreiben wir in mehreren Fallstudien die Anwendungspraxis des Business-Design-Ansatzes. Im Jahr 2017 wurden Innovationsworkshops mit Unternehmen aus unterschiedlichen Bereichen durchgeführt. Die ausführliche und detaillierte Dokumentation zeigen folgende Fallstudien:

- Camelot- IT-Lab-Workshop für Serviceinnovation
- Michelin-Workshop für Produkt- und Serviceinnovation
- ENMAZE-Start-up-Workshop für Geschäftsmodellinnovation.

Quellen

Martin, Roger (former Dean of the Rotman School of Management, University of Toronto): http://tinyurl.com/y8mcfwbb (20.07.2017)

Martin, Roger (former Dean of the Rotman School of Management, University of Toronto): http://tinyurl.com/yd8pp5nc (20.07.17).

https://www.rotman.utoronto.ca/-/media/Files/Programs-and-Areas/DesignWorks/Business-Design-At-Rotman.pdf

2 Business-Design-Rad

In den nächsten Kapiteln stellen wir das Business-Design-Rad vor. Sie erfahren, wie Sie in einzelnen Bereichen das Rad zum Laufen bringen können.

2.1 Design of People

Das Business-Design-Managementsystem setzt ein auf den Menschen ausgerichtetes Design voraus. Im Mittelpunkt steht die Person und ihre Erfahrung – nicht der Prozess. Das Kapitel »Design of People« beschäftigt sich also mit den Personen und ihren verschiedenen Funktionen. Die Designarbeit der folgenden Gruppen – ohne eine Priorität zu vergeben – ist von großer Bedeutung.

- Business-Design-Team, Projektteam und ggf. Gründerteam,
- Kunde und User,
- Talents – Mitarbeiter,
- Leadership/Führung (siehe Kapitel Design of Change).

2.1.1 Business-Design-Team

Hier geht es zum einen um das Business-Design-Team – das Team im Unternehmen mit einem Design-Thinking-Mindset. Entweder handelt es sich um ein Projektteam in einem etablierten Unternehmen oder um ein Gründerteam in einem Start-up.

Business-Designer arbeiten in Gruppen und profitieren von Kenntnissen der diversen Teilnehmer bzw. von der Diversität der »Einzelpersonen«. Die Diversität des Teams erreicht man in einem Unternehmen durch das Zusammenstellen von multidisziplinären Teams, d. h. Mitarbeitern aus möglichst vielen Bereichen, wie z. B. aus Marketing, Produktion, Finanzen, IT und Controlling. Zudem kann Diversität durch Kombination diverser Geschlechter, Alter, Kulturen und Nationalitäten erreicht werden. Im Folgenden wird das diverse BD-Team mit dem Projektteam oder dem Gründerteam gleichgesetzt.

Im Idealfall besteht ein Business-Design-Team aus fünf bis sieben Personen, wie es auch aus Scrum bekannt ist (Sutherland 2014, S. 45).

Mehrere Business-Design-Teams können miteinander

Idee und Struktur

Einleitung

Business-Design-Rad

Ecosystem und Network

Fallstudien

Ausblick

Stichwortregister

Autorin

Beitragsautoren

Danksagung

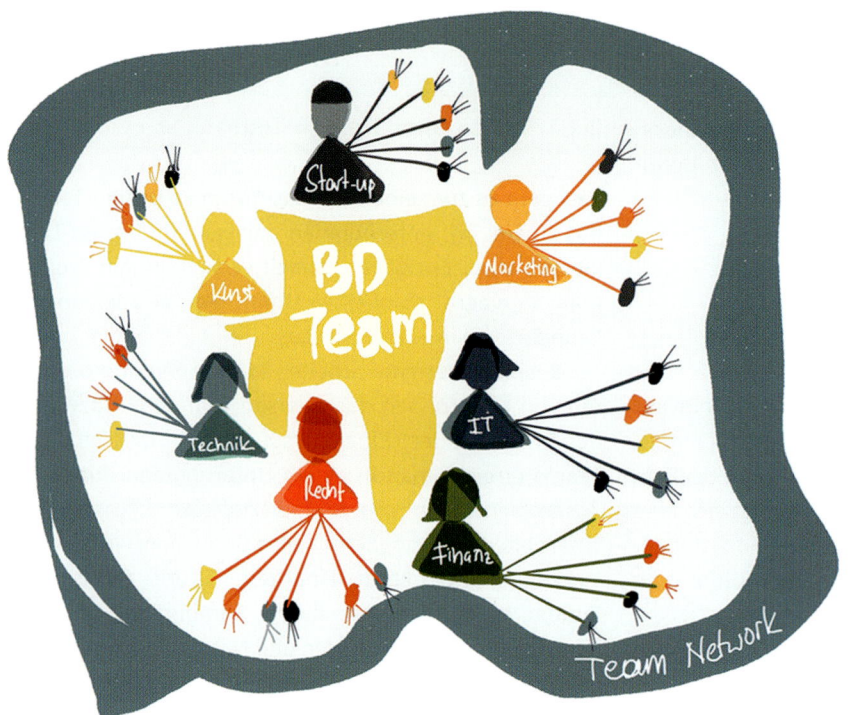

Abb. 2.1: Multidisziplinäres und diverses Business-Design-Team mit Netzwerkdenken (Team of Teams)

als ein großes Team agieren – das nennt man Team of Teams in Collaboration. Die einzelnen Teams müssen in der Lage sein, eigenverantwortlich ihre Ziele zu finden und ihre eigenen Entscheidungen im Rahmen einer gemeinsamen Strategie – der Design-Challenge im Workshop – zu treffen.

Diversität des Teams und Netzwerkdenken

Weshalb ist die Diversität des BD-Teams so wichtig? Die Antwort auf diese Frage ist die Einsicht, die man aus dem Leben anderer gewinnen kann. Jeder ist einzigartig und verfügt über besondere eigene Erkenntnisse und Erfahrungen. Diese Erfahrungen und Kenntnisse werden in die Teamarbeit eingebracht. Jedes Teammitglied hat ein anderes Netzwerk, in dem es sich mit Problemen, Bedürfnissen, Wünschen und Sichtweisen anderer auskennt. Je multidisziplinärer und diverser das Projektteam aufgestellt ist, desto eher gelingt es ihm, neue und kreative Ideen für Lösungsvorschläge zu entwickeln. Dies gilt als eine der Hauptvoraussetzungen für einen kreativen Prozess. Im Gegensatz zu »Monokulturen«, die in allen Bereichen der Gesellschaft sehr problembehaftet sind, erarbeiten divers zusammengestellte Teams effektivere Lösungen. Dabei gibt es eine wichtige Regel: Teammitglieder pflegen untereinander Informationsaustausch, praktizieren Netzwerkdenken und bauen dabei auf den Ideen anderer Teammitglieder auf (vgl. Bozyazi 2017).

Co-Creation ist in aller Munde und bedeutet, dass Unternehmen und Kunden zusammenarbeiten und ein gemeinsames Produkt oder Lösungsansätze entwickeln: eine Win-Win-Situation für alle Beteiligten. Das Unternehmen erkennt die Bedürfnisse des Kunden, und der Kunde bekommt am Ende das Produkt, das er wirklich braucht. Es geht bei Co-Creation darum, die menschliche Erfahrung in den Mittelpunkt des Unternehmens zu stellen. Deshalb sollten Unternehmen Plattformen zur Verfügung stellen, die es Stakeholdern ermöglichen zu interagieren und ihre Erfahrungen zu teilen.

Beispiel

Tchibo

Tchibo in Deutschland nutzt Co-Creation gemeinsam mit seinen Kunden. Auf der Webseite Tchibo-Ideas.de können Kunden eine Aufgabe stellen, die sie gerne gelöst hätten, z. B. »der Hausschlüssel lässt sich nie auffinden« oder »mein Toast wird nie, wie ich ihn gerne hätte«. In der Folge kann die Community versuchen, eine Lösung für das Problem zu finden. Tchibo produziert aus besonders guten Ideen dann ein Produkt und bietet es seinen Kunden an (vgl. Kirst 2017).

Heutzutage laden immer mehr Unternehmen Kunden ein, ihnen bei der Gestaltung von Produkten zu helfen. Einige gehen noch einen Schritt weiter und beziehen auch ihre anderen Stakeholder ein – Angestellte, Zulieferer, Distributoren und sogar Regulierungsbehörden. Dadurch gewinnen die Unternehmen häufig wichtige

Idee und Struktur

Einleitung

Business-Design-Rad

Ecosystem und Network

Fallstudien

Ausblick

Stichwortregister

Autorin

Beitragsautoren

Danksagung

11

Erkenntnisse, senken die Kosten, erzielen neue Einnahmen und generieren neue Geschäftsmodelle (vgl. Ramaswamy/Francis Gouillart 2017).

Wichtig ist die Beziehung zwischen Menschen

Business-Design-Thinker kreieren ihre Geschäfte aus der Analyse der Beziehungen zwischen den Menschen und nicht mehr aus der Beziehung zwischen Mensch und Produkt wie bei der klassischen Vorgehensweise (vgl. Brown 2011, S. 42).

Es ist nicht nur wichtig, wie ein Mensch das Produkt verwendet oder einen Service in Anspruch nimmt, sondern auch, was er dabei empfindet, wie er sich fühlt, welche Veränderungen er sich noch wünscht. Durch das Tool »die Beobachtung des Kunden und dessen Umfeld« (siehe auch Kapitel 2.2) können Unternehmen zusätzliche Informationen über ihre Kunden gewinnen, die wiederum zu innovativen Lösungen führen können (vgl. Brown 2011, S. 40-41).

Gründerteam

In Start-ups gibt es einige Unterschiede zu bestehenden Unternehmen, die aus der Gründungsphase resultieren.

In der Anfangsphase ist der Gründer meistens alleine oder arbeitet in einem Zweierteam. Da hier ad hoc keine diversen BD-Teams gebildet werden können, ist es für die Gründer hilfreich, sich mit anderen Start-ups in Gründerzentren oder mit Hochschulen in Verbindung zu setzen. So können temporäre BD-Teams für die jeweiligen Probleme in den Gründungsphasen gebildet werden. Die Hochschule der Wirtschaft für Management in Mannheim bietet beispielsweise Unternehmen und Start-ups die Möglichkeit, ihre Fragestellungen in Form von Fallstudien zu bearbeiten. Auch Gründerinstitute in den Regionen bieten Möglichkeiten für eine Zusammenarbeit. Deshalb ist Netzwerken eine für Start-ups wichtige Aufgabe (siehe Kapitel 3).

In der Skalierungsphase eines Start-ups ist das Problem eher der Zeitmangel, da Gründer sich häufig noch um alles alleine kümmern. In dieser Phase ist es jedoch wichtig, dass die Gründer sich mit den Business-Design-Ansätzen und Arbeiten in BD-Teams auseinandersetzen. Um die bevorstehenden Wachstumsanforderungen zu meistern, kann das Gründerteam das BD-Rad ins Rollen bringen und innovativ bleiben.

In Workshops ist die Zusammensetzung des Teams von großer Bedeutung. In der Regel wird vom Workshopleiter und vom Auftraggeber gemeinsam festgelegt, wer am Workshop teilnehmen soll. Dabei sind die Erfahrungen von Workshopleiter und Coach äußerst wichtig. Auch die Anzahl der Coachs ist für schnellere und effektive Ergebnisse relevant. In der Regel ist ein Coach pro Team notwendig, insbesondere bei ein- bis zweitägigen Workshops. Es sollte – auch wenn ein interner Design-Thinking-Coach verfügbar ist – möglichst ein externer Workshopleiter engagiert werden, um die Binnenperspektive zu erweitern.

2.1.2 Kunde und User – Business to Costumer (B2C) und Business to Business (B2B)

Der Kunde bzw. User von Produkten und Services steht im Mittelpunkt des Unternehmens. Kunden können zu unterschiedlichen Bereichen gehören: Business to Business oder Business to Consumer. In beiden Bereichen steht der Mensch an erster Stelle. Im Gegensatz zum Business to Consumer handelt es sich beim Business to Business um eine Entscheidergruppe, die die Kaufentscheidung gemeinsam oder zum Teil in einer Entscheidungshierarchie trifft.

In der Regel bezahlen Kunden immer für das Angebot, das sie annehmen. User verwenden bzw. nutzen ein Angebot, bezahlen jedoch nicht immer selbst dafür. In diesem Buch machen wir keinen Unterschied zwischen Kunden und Usern. Wir verwenden beide Begriffe als Synonyme. Business-Designer stellen zunächst folgende wesentliche Fragen zum Thema Kunden:

- Wer hat Vorteile von meinem Produkt, meinem Service, meiner Lösung?
- Wer verwendet/nutzt mein Angebot?
- Welches Kundensegment möchte ich ansprechen?
- Wer sind meine Kunden?
- Verstehe ich die relevanten Kundenprobleme, Kundenbedürfnisse, Kundenwünsche richtig?

Nachdem diese Fragen beantwortet wurden, gibt es zur Vertiefung der Kundenanalyse weitere Methoden. Für die methodische Untersuchung von Kundenverständnis bzw. -empathie eignen sich nachfolgende Methoden, vor allem für die Teamarbeit (BD-Team, Projektteam oder Gründerteam):

- Kundenempathie-Map,
- Persona-Methode.

Idee und
Struktur

Einleitung

Business-
Design-Rad

Ecosystem
und Network

Fallstudien

Ausblick

Stichwort-
register

Autorin

Beitrags-
autoren

Danksagung

Diese Methoden sind auch für B2B-Kunden geeignet. Hierbei spricht man von einer »Buyer-Persona«. Zielführende Buyer-Personas verwenden Informationen über ihre Bestandskunden z. B. aus Interviews, aus eigenen Kunden-Datenbanken oder aus der Marktforschung – aus Interviews des Salesteams sowie aus Daten von Google Analytics. Diese Daten enthalten Übereinstimmungen und Gemeinsamkeiten, die bei der Beschreibung und dem Design der Persona helfen und diese letztendlich konkretisieren (vgl. Köhler 2017).

Es ist die gleiche Vorgehensweise wie bei B2C-Kunden, denn auch im Unternehmen kaufen Personen und nicht Organisationen ein. Der einzige Unterschied zu B2C ist die etwas detailliertere Vorgehensweise. Bei B2B ist teilweise eine Entscheidergruppe für den Kauf zuständig, und die Beziehungen zwischen den Entscheidern sind von Bedeutung.

Abb. 2.2: Kundenempathie-Map

Kundenempathie-Map

Die Kundenempathie-Map ist die am meisten verwendete Methode (siehe Abbildung 2.2). Empathie ist die Fähigkeit, sich in den Kunden hineinfühlen zu können.

Beim Aufbau der Empathie-Map steht der Kunde im Mittelpunkt. Er ist von vier Bereichen umgeben, die den menschlichen Sinnen zugeordnet werden. Zu den einzel-

nen Sinnen werden konkrete Fragen zu den Empfindungen des Kunden gestellt. Zudem werden am Schluss die Bereiche »Sorgen/Schmerzen« und »Wünsche/Vorteile« (im englischen Original »pain« und »gain«) dargestellt. Damit werden weitere Einflussfaktoren auf die verschiedenen Kundenwünsche erfasst.

Die insgesamt sechs Bereiche werden schrittweise mit Inhalten gefüllt. Das mit Teilnehmern aus vielen unterschiedlichen Bereichen zusammengesetzte BD-Team bezieht möglichst viele Blickwinkel ein. Gemeinsam versetzten sie sich in die Lage des potenziellen Kunden und halten dessen Eindrücke in seiner näheren Umgebung fest. Für eine vollständige Empathie-Map sucht das Team Antworten auf nachfolgende Fragen zu Kundenwünschen.

Was sieht der Kunde?

Welche visuellen Eindrücke gewinnt er im Laufe des Tages, beispielsweise zu Hause, auf dem Weg zur Arbeit und in seiner Freizeit? Hier wird die konkrete Umgebung des Kunden beschrieben.

Was hört der Kunde?

Dabei kann es sich sowohl um unbestimmte Geräusche (z. B. Lärm) als auch um konkrete Informationen handeln, die den Kunden erreichen. Denkbar sind etwa Gespräche mit der Familie und Freunden, dem Arbeitgeber oder Informationen aus dem Radio. Das Team schätzt die akustischen Reize der Kunden ein.

Was denkt und fühlt der Kunde?

Diese Frage lässt sich nicht leicht beantworten, denn was man denkt und fühlt ist nicht immer gleich. Es kann sogar widersprüchlich sein (»Mein Herz sagt ja, mein Kopf sagt nein.«)

Finden Sie heraus, welche Gefühle und Gedanken der Kunde hat. So bekommen Sie einen Eindruck, was ihn antreibt und motiviert.

Was sagt und tut der Kunde?

Der Kunde empfängt nicht nur verschiedene Eindrücke, sondern agiert auch aktiv mit der Außenwelt. In diesem Bereich halten Sie fest, was die Person sagt und tut – das kann auch widersprüchlich sein!

Welche Probleme und Sorgen hat der Kunde?

Finden Sie heraus, mit welchen Problemen, Sorgen und Nöten der Kunde regelmäßig konfrontiert ist. So erhalten Sie hilfreiche Informationen für konkrete Produkte und Dienstleistungen.

Was wünscht sich der Kunde noch und was will er erreichen?

Welche Ziele verfolgt er? Was strebt er an? Was macht ihn glücklich? Welche Wünsche hat er? Es geht hier um motivierende Elemente im Leben des Kunden.

Wer ist die Persona?

Die Persona ist ein fiktiver Charakter, der ein ganzes Bündel von Merkmalen in sich vereint, wie z.B. Alter, Geschlecht, Beruf, Konsumgewohnheiten, Einkommenssituation, Werte und Lebensziele, Erziehungsstil sowie

Abb. 2.3: Persona-Methode – Beispiel Mia

Bildungsstand. Diese Attribute, die einer Persona zugeordnet werden, basieren in der Regel auf Feld- und Milieukenntnis, vorheriger Forschung (Beobachtung, Befragung) oder schlichtweg auf Empathie. Mit anderen Worten, eine Persona ist zwar ein Stereotyp, aber mit vielen Facetten ausgestattet, die auf Sach- sowie Menschenkenntnis basieren (www.denkmodell.de/hintergrund/die-persona-methode).

Mit Hilfe der Persona werden die möglichen Nutzer einer Innovation oder eines Projekts nicht mehr nur anhand eines einzigen Merkmals begriffen (»Menschen mit mittleren Einkommen«, »Kleinbauer«), sondern in der Gesamtheit ihrer Lebenssituation wahrgenommen und beschrieben. Die möglichen Nutzer einer Innovation werden als Bestandteile eines komplexen Systems begriffen, in dem kulturelle, materielle sowie demografische Faktoren dynamisch miteinander verbunden sind. Damit werden differenzierte Lösungen und maßgeschneiderte Produkte und Verfahren wahrscheinlicher.

Anwendung der Persona-Methode in Business-Design-Workshops
Die Konstruktion von Personas hat eine starke Wirkung auf die Sprache und Denkweise eines kreativen Teams. Damit versucht das Team, eine Innovation mit konkretem Nutzen für die Anwender zu entwickeln. An die Stelle von abstrakten, statistischen Kategorien (Jugendliche) tritt eine Persönlichkeit mit Namen und Gesicht, die im Verlauf der Diskussion immer mehr »gespürt« wird, sodass die Beteiligten am Ende fast das Gefühl haben, sie würden diese Persona wirklich kennen. Es werden Sätze gesagt wie »Mia würde es toll finden, jedoch kann Max es niemals akzeptieren«, und alle wissen, wer damit gemeint ist.

Das Instrument der Persona stellt einerseits eine Verdichtung und Reduktion von Komplexität dar und andererseits hilft es dabei, Nutzer und Zielgruppen differenziert und ganzheitlich wahrzunehmen. Zudem erleichtert die Persona die Kommunikation und das Verständnis zwischen den Teammitgliedern – diese finden mit der Methode in der Regel leichter einen Konsens.

Dieses Tool wird auch für B2B-Kunden eingesetzt, wobei die Entscheidungsstrukturen eines Unternehmens in Betracht gezogen werden müssen. Da die Kaufentscheidung durch eine Entscheidergruppe getroffen wird, sollten die Personen, die an der Entscheidung teilnehmen, bekannt sein.

Idee und Struktur

Einleitung

Business-Design-Rad

Ecosystem und Network

Fallstudien

Ausblick

Stichwortregister

Autorin

Beitragsautoren

Danksagung

2.1.3   Talents/Mitarbeiter

Beim Innovationsprozess, insbesondere bei dem interner Projekte, gehören die Mitarbeiter zu den wichtigsten Stakeholdern und stehen deshalb neben dem Kunden im Mittelpunkt. Deshalb ist die Auswahl der Mitarbeiter des Unternehmens oder des Gründerteams bei einem Start-up sehr wichtig und gleichzeitig anspruchsvoll. Unternehmen erwarten von ihren Mitarbeitern die Eigenschaft des »Intrapreneurship«, das heißt, es sollen unternehmerisch denkende, kreative und innovative Persönlichkeiten sein, mit denen Innovationen realisiert werden. Die Umsetzung dieser Erwartungen hängt sehr eng mit der Organisationsstruktur des Unternehmens zusammen. Diese Inhalte werden im Kapitel 2.5 vertieft.

2.1.4   Zusammenfassung

Business Designer arbeiten in multidisziplinären und adversen Teams. Sie können ein Kundenprofil gemeinsam ausarbeiten und eine gemeinsame Lösung für das Kundenproblem finden.

Die Persona stellt unseren Kunden/User dar, wie wir ihn uns am Anfang vorstellen. Durch Recherchen, Beobachtungen und reale Gespräche bzw. Interviews mit echten Kunden/Usern, entdecken wir ein neues Kundenprofil der Persona. Unsere Vorstellungen entsprechen nicht immer der Realität. Deshalb ist es sehr wichtig, mit Kunden in Kontakt zu treten. Dabei geht es zum einen um die Empathie mit dem Kunden (Empathie-Map) und zum anderen um die Kommunikationserleichterung im Team. Durch die Abbildung in einer Persona können die Teammitglieder sich den Kunden besser vorstellen. Dabei versteht jeder im Team das Gleiche über alle entdeckten Eigenschaften des Kunden hinweg und versteht sein Problem, seine Bedürfnisse bzw. seine Wünsche.

Zudem ist die Kommunikation im Team, mit den gleichen Bildern vor Augen, transparenter.

Entrepreneure/Start-ups

Die meisten Fehler entstehen in der Gründungsphase, weil kein direkter Kundenkontakt stattfindet. Gründer oder das Gründerteam sind/ist so sehr von den eigenen Ideen begeistert, dass nur diese und die dazugehörigen Annahmen im Mittelpunkt stehen, die Kunden jedoch fast völlig ignoriert werden. Deshalb wird ein Start-up nur dann erfolgreich sein, wenn

• es seine Kunden gut versteht,
• oft Kontakt zu den Kunden sucht und

- die richtigen Tools einsetzt, um qualitative Informationen über Kunden zu erhalten.

Start-ups sollten mutig sein und auch in der Frühphase der Geschäftsidee mit Kunden kommunizieren. So können Sie die Annahmen testen sowie Verbesserungen vornehmen, vor allem aber, die begrenzten Ressourcen besser einsetzen.

Intrapreneure

Bedingt durch Arbeitsteilung und -belastung bzw. die Kommunikationsstruktur in traditionellen Unternehmen kommunizieren Mitarbeiter häufig selten mit ihren Kunden. Die Zeit reicht nicht oder ihre Arbeitsbeschreibung erlaubt es ihnen nicht, Kundengespräche zu führen. Dadurch verstehen sie ihre Kunden nur sehr eingeschränkt. Mit den beiden vorgestellten Tools lernen Intrapreneure im Team ihre eigenen Kunden näher kennen und entwickeln Empathie für sie. In der Folge können sie eigene Kreativität und Kenntnisse in die Innovationsprozesse des Unternehmens einbringen.

Quellen

Brown, Tim (2011): Change by Design – How Design Thinking Transforms Organizations and Inspires Innovation, New York.
Kirst, Nicole (20.07.17): https://marketingmag.de/social-media/co-creation-fuer-unternehmen-und-kunden-a-1511.html
Köhler, Karsten (20.07.17): https://blog.hubspot.de/marketing/was-ist-der-unterschied-zwischen-zielgruppen-und-buyer-personas
Osterwalder, Alexander (2011): Business Model Generation, Frankfurt.
Ramaswamy/Francis Gouillart (03.06.2017): https://hbr.org/2010/10/building-the-co-creative-enterprise
Sutherland, Jeff (2014): SCRUM – The Art of Doing Twice the Work in Half the Time, New York.
Weinberg, Ulrich (2015): Network Thinking, Hamburg.
https://www.denkmodell.de/hintergrund/die-persona-methode/
https://www.entrepreneurship.de
https://hbr.org/2010/10/building-the-co-creative-enterprise
https://marketingmag.de/social-media/co-creation-fuer-unternehmen-und-kunden-a-1511.html
https://www.pinuts.de/blog/webstrategie/empathy-map

Idee und Struktur

Einleitung

Business-Design-Rad

Ecosystem und Network

Fallstudien

Ausblick

Stichwortregister

Autorin

Beitragsautoren

Danksagung

2.2 Design of Process

Design of Process hat eine zentrale Stellung im BD-Rad (vgl. Abbildung 1.2). Der hier beschriebene Prozess ist identisch mit dem Design-Thinking-Prozess (DT-Prozess) und eine von drei Voraussetzungen für das Business-Design-Managementsystem:

- People
  Das Team ist breit aufgestellt, die Arbeitsweise beruht auf dem Netzwerkgedanken. In Anlehnung an Kapitel 2.1 gelten folgende Regeln:
  - Je vielfältiger und interdisziplinärer das Workshop-Team aufgestellt ist, desto mehr Erfolg hat es.
  - Nehmen auch Kunden des Unternehmens an dem Workshop teil, erzielt das Team noch bessere Ergebnisse.
- Process
  Es ist ein iterativer Prozess.
- Place
  Ideal ist ein Arbeitsraum, der die Kreativität fördert, siehe Kapitel 2.3.

Im DT-Prozess starten wir mit einem ungewissen Zustand und finden eine neue, sogar innovative Lösung eines Problems oder eine Antwort auf eine Frage. Eventuell brauchen wir dafür mehrere Iterationen. Der DT-Prozess verläuft nicht linear, nicht in aufeinander folgenden Schritten ab. Es ist ein agiler Prozess: Das heißt, er ist trotz einer Struktur (Prozessschritte) nicht starr. Die Iterationen ermöglichen eine agile Vorgehensweise. Der größte Vorteil des DT-Prozesses besteht darin, dass er in jedem Businessbereich eingesetzt werden kann – z. B. im agilen Projektmanagement. Am Anfang des Prozesses steht normalerweise eine sogenannte Design-Challenge.

2.2.1 Design-Challenge

Die Challenge ist eine initial formulierte Frage, die dem Team als Ausgangsbasis für das jeweilige Projekt dient. Deshalb erläutern wir im Folgenden zuerst, was Design-Challenge bedeutet und wie man sie formulieren sollte.

Der klassische Ausgangspunkt eines jeden Projekts ist das Briefing. In der traditionellen Vorgehensweise ist das Briefing mit mentalen Einschränkungen verbunden, die dem Projektteam einen Rahmen geben. Das Projekt/das Vorhaben/der Workshop beginnt an einem Startpunkt, gibt Benchmarks vor, mit denen der Fortschritt gemessen werden kann und formuliert anschließend die zu realisierenden Ziele, wie z. B. Preis, verfügbare Technologie,

Marktsegment usw. Dieses Vorgehen schränkt die Kreativität ein. Im Gegensatz dazu soll mit der Design-Challenge bzw. den Fragestellungen ein kreativer Prozess beginnen. Die Kunst besteht darin, das Problem so zu beschreiben, dass offene Ergebnisse erzielt werden. Die Formulierung der Design-Challenge sollte

- offen (nicht nur eine richtige oder eine falsche Antwort möglich) sein und
- aus der Kundenperspektive, nicht aus der Unternehmensperspektive erfolgen.

Zudem gibt die Formulierung der Challenge die Richtung vor. Sie muss gut durchdacht und präzise formuliert werden. In Abhängigkeit von den Zielen des Vorhabens darf sie weder zu konkret noch zu offen sein. Die Fragestellung sollte mehrere Antworten ermöglichen. Für die Antwort auf die Frage $2 + 2 = ?$ gibt es z. B. keine kreative Lösung, da nur eine einzige möglich ist. Diese Art von Fragestellungen kennen wir schon aus der Schulzeit. Sie haben unsere Handlungen geprägt.

Lautet die Frage hingegen $? + ? = 4$, setzt ein kreativer Prozess ein, weil es dafür nicht nur eine einzige Lösung gibt, sondern in diesem Fall sogar unendlich viele. Diese Fragestellung erlaubt uns tatsächlich ein »Out of the Box-Thinking«.

Eine Challenge verfolgt den richtigen Ansatz und ist korrekt ausformuliert, wenn

- es aus Nutzersicht sinnvoll ist, an dem Problem/Kontext zu arbeiten und Lösungsansätze gesucht werden,
- es einen oder mehrere Anwender gibt, die davon betroffen sind,
- die Challenge es erlaubt, in verschiedene Richtungen zu gehen und ein breites Lösungsspektrum zu suchen.

Wenn alle drei Voraussetzungen gegeben sind, ist dies ein guter Indikator dafür, dass die geplante Richtung der Challenge Erfolg haben wird. Bei einer Challenge, die zu abstrakt ist, irrt das Team um den Kern herum oder entfernt sich davon. Eine Challenge, die zu sehr eingegrenzt wird, führt mit größter Wahrscheinlichkeit zu einem inkrementellen, mittelmäßigen Ergebnis.

Da im Laufe des Prozesses mehrere Anpassungen der Challenge (Iterationen) vorgenommen werden können, sollte eine offene Challenge gewählt werden. Die Merkmale eines agilen Prozesses sind Flexibilität und Dynamik. Ein Team kann mit den Änderungen der ursprünglichen Challenge das Thema spezifizieren. Gleichzeitig erreicht es durch kontinuierliche Verfeinerungen der ursprünglichen Challenge eine Balance zwischen Umsetzung (Mach-

Idee und Struktur

Einleitung

Business-Design-Rad

Ecosystem und Network

Fallstudien

Ausblick

Stichwortregister

Autorin

Beitragsautoren

Danksagung

barkeit), Wirtschaftlichkeit und gewünschtem Ergebnis (Wünschbarkeit) (s. Kapitel 1.1 und Abbildung 1.1).

Ein guter Anfang für einen Design-Thinking-Prozess ist nur möglich, wenn die Challenge die richtige Kombination aus Konkretisierung und Offenheit findet und damit den Anforderungen und Erwartungen der involvierten internen Stakeholder entspricht. Zu allgemeine Fragen geben keine konkrete Richtung vor. Sie werden eher in langfristigen Projekten sowie in zukunftsorientierten Fragestellungen verwendet.

Je nach Fragestellung wird für die Design-Challenge eine der beiden Konkretisierungsmöglichkeiten ausgewählt. Die richtige Konkretisierung hängt zudem von der Projektdauer und damit von der Intensität der Untersuchung ab. Ressourcen sind nicht unendlich und die Realisierung eines Projektes ist in Gefahr, wenn die Teammitglieder sich mit zu allgemeinen Fragen beschäftigen.

Beispiel

»Gestalten Sie das Mobilitätserlebnis der Bevölkerung im 21. Jahrhundert« oder »Designen Sie das ultimative Stadterlebnis der Touristen in Berlin«

In kurzfristigen Projekten, in denen eine Lösung für ein konkretes Problem gesucht wird, erfolgt die Design-Challenge differenzierter.

»Gestalten Sie das öffentliche Mobilitätserlebnis des 21. Jahrhunderts für die Einwohner in Berlin-Kreuzberg« oder »Gestalten Sie das ultimative Besuchererlebnis für asiatische Touristen in Berlin-Mitte im Jahr 2030«.

Tipps für Workshops

Wie offen darf die Fragestellung sein? Für die Zielerreichung des Prozesses sollte eine gute Design-Challenge ausgearbeitet werden. Je nach Projektgröße und -dauer kann der Entscheider unterschiedliche »Offenheit« wünschen. Erfahrungsgemäß wird eher »einengend« formuliert. Deshalb wird eine möglichst offene Fragestellung empfohlen, denn die Gruppe wird sie in der ersten Phase neu formulieren. Zudem ist ein erfahrener Workshopleiter hilfreich, der bei der Umsetzung der Design-Challenge beratend zur Seite steht. Die Design-Challenge kann mit den Entscheidern und dem Workshopleiter vorbereitet und zu Beginn vorgegeben werden. Gegebenenfalls kann das Team gemeinsam mit den Entscheidern sowie unter Mitwirkung des Workshopsleiters über eine Design-Challenge während des Workshops entscheiden.

Was ist noch wichtig?

Es ist nicht ungewöhnlich, dass die Design-Challenge scheinbar widersprüchliche Ziele enthält wie z. B. niedrige Kosten und hohe Qualität. Es kann eine Lösung sein, unter solchen Umständen den Prozess zu vereinfachen und auf eine Reihe von Spezifikationen oder eine Liste von Merkmalen zu verzichten. Dies bekräftigt die Agilität des Prozesses. Den Design-Thinking-Prozesses kennzeichnet eine kontinuierliche Bewegung zwischen divergenten und konvergenten Prozessen einerseits sowie analytischen und synthetischen andererseits.

2.2.2   Design-Thinking-Prozessablauf

Der Design-Thinking-Ansatz ist der Kern des Business-Design-Managementsystems. Damit kommt dem Prozess eine wichtige Rolle zu. Für ein Problem wird mit den beiden wichtigsten Eigenschaften dieses Prozesses eine strukturierte Lösung gefunden:

- mit dem Zusammenspiel des Divergenz- und Konvergenz-Denkens im Prozess sowie
- mit dem iterativen, agilen Prozess.

Im Prozess werden immer wieder divergente und konvergente Schritte an den richtigen Stellen eingebracht und gegebenenfalls wiederholt:

- Divergentes Denken: Informationen und Kunden-Erfahrungen sammeln und Lösungsideen generieren.
- Konvergentes Denken: sich auf bestimmte Bereiche konzentrieren und Entscheidungen treffen.

Der Design-Thinking-Prozess besteht aus zwei Bereichen – dem Problem- und dem Lösungsbereich – sowie aus insgesamt sechs Prozessschritten, die nicht nur linear ablaufen. Der relevanten, innovativen Lösung nähert man sich nach und nach mit sich wiederholenden Prozessschritten (iterativ).

- Problembereich
  - Verstehen
  - Beobachten
  - Sichtweise
- Lösungsbereich
  - Ideen generieren
  - Prototyp
  - Test.

Der Prozess beginnt nachdem das Business-Design-Team aufgestellt und die Design-Challenge formuliert wurde.

Idee und
Struktur

Einleitung

Business-
Design-Rad

Ecosystem
und Network

Fallstudien

Ausblick

Stichwort-
register

Autorin

Beitrags-
autoren

Danksagung

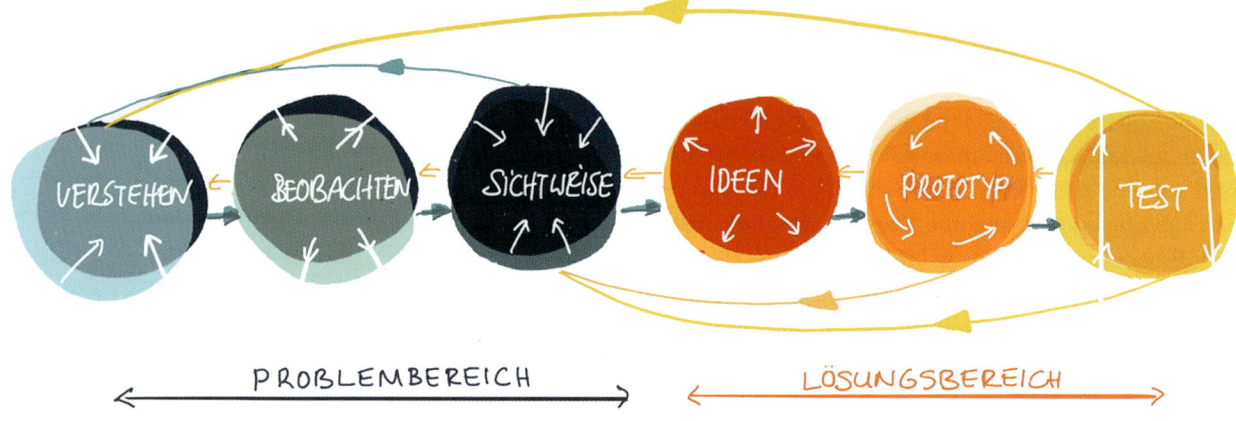

Abb. 2.4: Bereiche im Design-Thinking-Prozess

Davor werden den Team-Teilnehmern unmissverständlich die Regeln für die Verhaltensweise während des gesamten Prozesses mitgeteilt: Trust the Process! Plane nicht! Vertraue und folge dem Prozess. »Trust the Process« beinhaltet das Mindset, das für die Gestaltung von Innovationen erforderlich ist:

- Optimismus,
- Experimentierfreude,
- Neugier und Offenheit (siehe Kapitel 2.4).

Tipps für Workshops

Väter fast aller Nationen werfen ihre Kleinkinder hoch und fangen sie auch wieder auf. Daran zweifelt kein Mensch. Die Kinder fühlen sich sicher und vertrauen ihren Vätern. Mit genau solch einem Grundvertrauen entwickeln und bearbeiten wir den Prozess und konzentrieren uns dabei auf das Thema.

Diese Einstellung erleichtert die Zusammenarbeit der Teammitglieder. Es ist die Voraussetzung für eine vertrauensvolle und ergebnisoffene Teamarbeit. Der Prozess darf nicht in Frage gestellt werden, bevor er abgeschlossen ist.

Abb. 2.5: Trust the Process-Mindset

2.2.3 Design-Thinking-Prozessschritte

Problembereich
Der Problembereich umfasst die ersten drei Schritte des Design-Thinking-Prozesses:
- Verstehen,
- Beobachten und
- Sichtweise.

Durch Recherchen, Kundengespräche und Beobachtungen identifizieren wir das Problem bzw. die Wünsche und Bedürfnisse des Kunden. Daraus ergibt sich eine neue Sichtweise. Während dieser drei Schritte können wir uns flexibel vor- und zurückbewegen und dadurch eine umfangreiche Recherche und ein tief greifendes Verständnis für das Anliegen des Kunden erhalten (vgl. Bozyazi 20.07.2017).

Diese drei Schritte nehmen – im Vergleich zu herkömmlichen Auftragsklärungen bzw. Problembeschreibungen, die meist nur durch ein kurzes Briefing erfolgen – etwas mehr Zeit in Anspruch (ca. ein Drittel des Gesamtprozesses). Nach dem Desgin-Thinking-Prozess beginnt die Gestaltung/das Design des Produkts/des Services bzw. die Implementierung der Lösung.

Verstehen – Konvergenzphase
Die Probleme des heutigen Managements, die Ideen oder sogar Geschäftsmodelle oftmals scheitern lassen, liegen meist im Nichtverstehen der Kunden. Es ist die Ursache für feh-

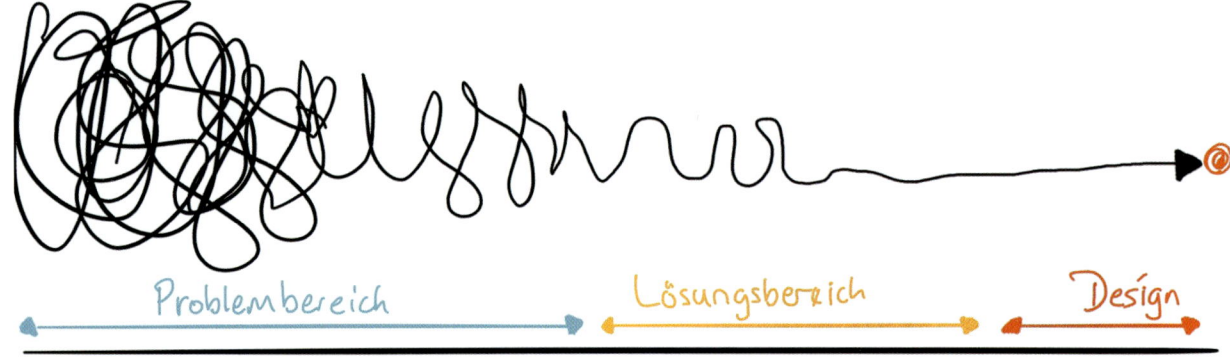

Abb. 2.6: Design-Thinking – Prozessdauer

lerhaftes Handeln und fehlerhafte Zieldefinition. Zwar gibt es zahlreiche Methoden und Techniken, die je nach Thematik und Personenkreis eingesetzt werden, doch bleiben diese Probleme häufig weiterhin ungelöst. Meistens sind die Lösungsvorschläge der Manager analytisch und beruhen auf Annahmen. Sie bringen damit keine »echten« Innovationen hervor. Dadurch empfindet sie der Kunde letztlich als »nicht ausreichend«. Folglich geht die Suche nach effektiven und insbesondere innovativen Ansätzen weiter.

Weitere Unzulänglichkeiten des heutigen Managements finden sich in der Empfehlung von Lösungsansätzen:

- Zum einen schlagen Manager Lösungen selbst vor, verfügen jedoch nicht über ausreichende Kundenkenntnisse.
- Zum anderen werden Kundenwünsche als Lösungsansatz bzw. starrer Auftrag angenommen, ohne dass der wirkliche Beweggrund erkannt wird.

Fragen wie z. B. »Was will der Auftraggeber wirklich haben? Welches ist der Job to be done?« bleiben unbeantwortet.

Worum geht es eigentlich? Wo liegt das wirkliche Problem des Kunden? Die Antworten auf diese Fragen sollten mit einer ausführlichen Recherche erarbeitet werden. Dabei müssen die BD-Teammitglieder ihr Wissen über die Design-Challenge untereinander austauschen und herausfinden, welche Stakeholder davon betroffen sind. Danach erörtert das Team die Probleme bzw. die Fragestellungen der Stakeholder. Für ein gutes Verständnis der Probleme sind ausführliche Recherchen und Gespräche sowie Interviews mit allen Betroffenen/Stakeholdern (360 Grad) unabdingbar.

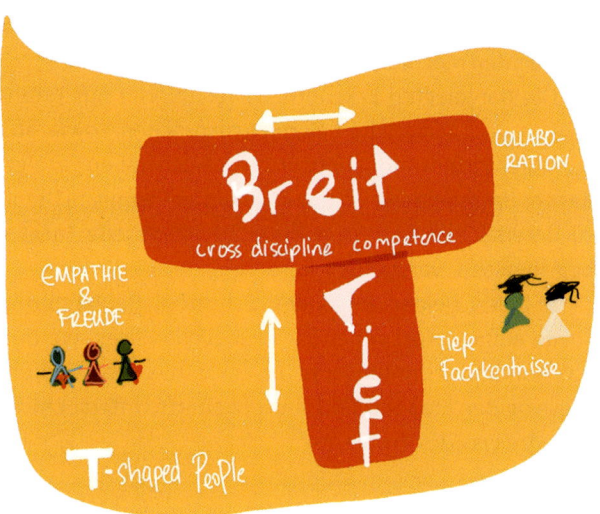

Abb. 2.7: T-Shapes – eine Warm-up-Übung

Tipps für Workshops

Damit die Zusammenarbeit verbessert wird, sind in der Anfangsphase Warm-up-Übungen empfehlenswert. Dabei stellt jedes Teammitglied sein spezielles Know-how und seine Kenntnisse vor, z. B. in der T-Shapes-Übung. Dafür gibt es Apps wie »Warm-up Shuffle« im App Store (vgl. Ebeldingen 2014, S. 214).

Sinnvoll ist nicht nur die verbale Diskussion, sondern auch die simultane Visualisierung, beispielsweise mit einer Mindmap. Im Prozessschritt »Verstehen« ist es empfehlenswert, die Mindmap-Methode zu verwenden. Damit wird schnell ein gemeinsames Verständnis der Design-Challenge, für die Fragestellungen und die Vorgehensweise erreicht. Die Schlüsselwörter in der Design-Challenge werden besprochen und es wird festgelegt, was noch zu recherchieren ist. Anschließend legt das Team auch

Idee und Struktur

Einleitung

Business-Design-Rad

Ecosystem und Network

Fallstudien

Ausblick

Stichwortregister

Autorin

Beitragsautoren

Danksagung

gemeinsam alle Stakeholder fest, die es interviewen und beobachten möchte.

Die dargelegten Erkenntnisse resultieren aus Erfahrungen und zahlreichen Kundengesprächen sowie aus durchgeführten Innovationsprojekten. Sie haben gezeigt, dass es entscheidend ist, das Problem zu Beginn im Detail zu untersuchen. Nur so kann letztendlich jede Facette begriffen bzw. verstanden werden.

Mit den beiden folgenden Schritten, Beobachtung sowie Aufgeschlossenheit für neue Sichtweisen, werden das Kundenverständnis und die Empathiearbeit vertieft. Diese beiden Etappen sind eine erweiterte Untersuchung bzw. Analyse des Problems.

Achtung: Es ist nicht immer leicht, im Problembereich zu bleiben. Die Teams neigen schnell dazu, eine Lösung zu finden bzw. zu präsentieren.

Beobachten – Divergenzphase

Beobachten ist Pflicht und sehr wichtig! Damit entwickeln die Teamteilnehmer Empathie für die Kunden und User bzw. die Zielgruppe. Beobachtet wird primär, was die Leute nicht tun, und gehört wird, was sie nicht sagen. Es sollen also »nicht sofort erkennbare« Tatsachen herausgefunden werden.

Kunden lernen wir kennen, indem wir sie dort besuchen, wo sie leben, arbeiten und spielen. Dementsprechend erfordert fast jedes Projekt eine intensive Beobachtungszeit. Wir beobachten, was die Leute tun (oder nicht tun) und hören, was sie sagen (oder nicht sagen). Dafür ist natürlich etwas Übung erforderlich (vgl. Brown 2009, S. 43).

Wir entscheiden, wen wir beobachten und welche Forschungsmethoden wir einsetzen. Anthropologen weisen darauf hin, dass die Beobachtung auf Qualität, nicht auf Quantität beruht. Qualitative Daten liefern tiefere Erkenntnisse aus dem Leben der Kunden als quantitative Daten. Die Entscheidungen, wen wir wie gut untersuchen, können die Ergebnisse stark beeinflussen. Die Informationen aus Beobachtungen sind eine der Hauptquellen des DT-Teams. Quantitative Daten (von der Marktforschung standardisierte Befragungen) bestimmen genau das, was wir bereits haben und sagen uns, was wir bereits wissen. Effizienter ist es, Pendler, Skateboarder und Krankenschwestern dabei zu beobachten, wie sie ihren Alltag meistern (vgl. Brown 2009, S. 41).

Die tatsächlichen Verhaltensweisen der Kunden geben uns unschätzbare Hinweise auf ihre nicht gestillten Bedürfnisse. In einem Design-Prozess ist die Lösung nicht irgendwo versteckt. Das Team erarbeitet sie auf kreative Weise. Dieser kreative Prozess erzeugt Ideen und Konzepte, die vorher nicht existiert haben. Sie werden eher durch die Beobachtung von z.B. ungewöhnlichen Praktiken eines Schreiners oder ungewöhnlichen Details in einem Shop ausgelöst. Solche Besonderheiten und wertvollen Informationen erfahren wir nicht durch die Einstellung eines Fachberaters oder aus den Antworten aus einem Fragebogen bzw. einer Umfrage, die an »statistisch durchschnittliche« Menschen adressiert sind (vgl. Brown 2009, S. 41).

Ein Unternehmen will die Kaufgewohnheiten seiner Kunden in Erfahrung bringen, um sicherzugehen, dass eine Produktidee Erfolg haben wird. Es geht nicht um das, was wir bereits wissen, sondern um Neues und Überraschendes, das wir noch nicht kennen. Es sollten auch »extreme« Nutzer/Kunden gesucht werden, die anders leben, anders denken und anders konsumieren. Dadurch gewinnen wir neue Erkenntnisse, die innovative Lösungen ermöglichen.

Für die Problemvertiefung und Wissenserweiterung werden nachfolgende Tools (siehe Abbildung 2.8) eingesetzt:

BEOBACHTEN INTERVIEW EMPATHIE

Abb. 2.8: Empathiearbeit

Idee und Struktur

Einleitung

Business-Design-Rad

Ecosystem und Network

Fallstudien

Ausblick

Stichwort-register

Autorin

Beitrags-autoren

Danksagung

- Beobachten,
- Besichtigung vor Ort,
- Kunden oder User begleiten – Shadowing,
- Interviews durchführen,
- Fotografieren,
- Filmen, Videos aufnehmen,
- Diskussionsgruppen,
- mit Stakeholdern diskutieren,
- die Konkurrenz untersuchen.

Tipps für Workshops

Das Team legt gemeinsam fest, wen bzw. welchen Stakeholder es beobachten und interviewen möchte. Für die Rollenverteilung und den Zeitablauf erstellt es einen Zeitplan. Für die Interviews und Befragungen formulieren die Teamteilnehmer gemeinsam Fragen, die offene Antworten ermöglichen. Während der Beobachtungsphase arbeiten mindestens zwei Teammitglieder zusammen, machen gegebenenfalls Fotos, drehen ein Video oder nehmen ein Interview auf. Sinnvoll ist hier eine Rollenaufteilung in »Sprecher« und »Beobachter« und ein Rollenwechsel innerhalb des Teams.

In der Feldarbeit werden, je nach Größe des Teams, mindestens sieben bis zehn Kunden, Stakeholder bzw. Experten in einem eintägigen Workshop interviewt und/oder beobachtet. Die Arbeitsweise des Interviewers gleicht der eines Forschers und nicht der eines Detektivs. Er lässt die Befragten frei sprechen. Die Teamteilnehmer erzielen den größten Erfolg, sobald die Befragten ihre Emotionen – und oft damit verbunden – unerwartete Informationen preisgeben.

Der Hauptgrund für den Prozessschritt Beobachtung ist die Empathiearbeit. Das BD-Team entwickelt Empathie für die Kunden/User. Fragen allein reichen nicht aus, wie das berühmte Zitat von Henry Ford verdeutlicht.

Wenn ich die Menschen gefragt hätte, was sie wollen, hätten sie gesagt, schnellere Pferde. Henry Ford

Die Schwierigkeiten der Kommunikation resultieren aus dem Widerspruch zwischen dem, was Menschen »sagen und tun« bzw. »fühlen und denken« (siehe Abbildung 2.9). Deshalb sollte das »eigentliche« Kundenproblem eingehend untersucht werden, bevor eine Lösung entwickelt wird.

SAGEN ≠ DENKEN

TUN ≠ FÜHLEN

Abb. 2.9: Widersprüche in der Kundenanalyse

Wichtig
- sind nicht nur die Fragen, sondern auch das Zuhören und das Unausgesprochene,

- ist nicht nur zu sehen, was gemacht wird, sondern auch zu sehen, was nicht gemacht wird.

Die Untersuchung sollte auf jeden Fall:
- die eigentlichen Probleme,
- die Bedürfnisse,
- die Wünsche der Kunden/User sowie anderer Stakeholder herausfinden.

Was ist noch wichtig?
Sozioökonomische Erkenntnisse über die Befragten (Alter, Beruf, Interessen) sind für die Empathieermittlung in der Synthesephase sowie für die Beschreibung der Persona relevant und hilfreich. Diese Eigenschaften kann das Team auch schätzen, wie z. B. das Alter.

Risiken
Der Erfolg des Workshops ist gefährdet, wenn für die Durchführung nur ein bis zwei Tage vorgesehen sind und die Teams die Zielgruppe nicht interviewen können oder z. B. keine relevanten Stakeholder oder keine Experten zur Verfügung stehen.

Eine gute Planung des Workshops ist für ein aussagekräftiges Ergebnis unabdingbar. Erfahrene Workshopleiter haben meist einen »Plan B«, damit das Team sich z. B.

rechtzeitig auf eine andere Zielgruppe konzentriert.

Falls erforderlich, können weitere Beobachtungstools eingesetzt werden wie Notizen machen, Bilder malen, Videos aufnehmen, fotografieren, weitere Gespräche und Interviews führen. Das Team kann zudem die Konkurrenz untersuchen bzw. beobachten. Fakten sammeln und Datenerfassung führen zu einer Akkumulation von Informationen, die atemberaubend sein kann.

Wie geht es weiter?
Das Team muss innerhalb einer intensiven Synthesezeit – manchmal im Laufe weniger Stunden, manchmal innerhalb einer Woche oder mehr – die Datenmenge sichten, interpretieren und in einen sinnvollen Zusammenhang bringen. Der Abschnitt »Sichtweise definieren« erläutert die Vorgehensweise.

Sichtweise definieren/Point of View (PoV) – Konvergenzphase
Nachdem das Problem analysiert und die benötigten Informationen in den Schritten Verstehen und Beobachten gesammelt wurden, erfolgt in diesem Abschnitt die Synthese der Rohinformationen.

Die Synthese der Datenmenge, also die Suche nach aussagekräftigen Mustern ist eine kreative Arbeit. Die Daten sind Fakten und sprechen nie für sich selbst. Manchmal sind die Daten quantitativ, z. B. bei technischen Problemstellungen, oder sie sind qualitativ, falls Menschen z. B. zu Verhaltensänderungen ermutigt werden sollen.

In jedem Fall muss das Team wie ein Storyteller arbeiten. Der Erfolg hängt davon ab, ob es eine durchgängige, überzeugende und glaubwürdige Geschichte präsentieren kann. Mit Geschichten kann es besser und effektiver sowohl miteinander als auch nach außen hin kommunizieren. Es ist erwiesen, dass Menschen Inhalte in Form von Geschichten sehr gut aufnehmen können. Deshalb arbeiten z. B. Künstler, Schriftsteller, Journalisten, Kulturanthropologen zunehmend neben Ingenieuren und Managern in Business-Design-Teams mit (vgl. Brown 2009, S. 69-70).

Innerhalb des Problembereichs findet eine kontinuierliche Bewegung statt zwischen divergenten und konvergenten Prozessschritten einerseits sowie analytischen und synthetischen andererseits. Die gesammelten Informationen und Daten werden in der Gruppe zusammengetragen und analysiert. Sobald der »Rohstoff« zu einer zusammenhängenden, inspirierenden Geschichte verarbeitet wurde, tritt eine übergeordnete Synthese ein. Die Synthese darf jedoch noch nicht den Vorschlag einer Lösung beinhalten. Stattdessen geht es darum, das Problem aus verschiedenen Perspektiven zu beleuchten und dabei neue Untersuchungen und Beobachtungen durchzuführen. Diese Untersuchungsergebnisse werden analysiert und daraus wird in der Folge eine Synthese abgeleitet. Die Synthese wird dann anhand der Persona (siehe Kapitel 2.1) in eine Kundengeschichte eingearbeitet. Dadurch wird das Problem aus Sicht der Persona dargestellt. Die Teammitglieder entdecken eine Persona, zu deren Problemstellung die Syntheseergebnisse am besten passen. Gemeinsam beschreiben sie die Persona oder mehrere Personas. Dabei setzen sie Tools, wie z. B. die Personamethode oder die Empathie-Map aus Kapitel 2.1 ein. Anschließend wird ein Standpunkt – Point of View (PoV) – formuliert, der die auf die ausgewählte Persona zugeschnittenen Bedürfnisse und neuen Erkenntnisse über ihr Problem bzw. ihre Wünsche beinhaltet. Damit das Wesentliche im Fokus bleibt, hilft folgende Formulierung:

Wie können wir der Persona xy helfen, damit sie in der Umgebung, in der es nachfolgende Bedingungen gibt, ihr Ziel erreicht?

Dabei müssen echte Probleme, Bedürfnisse und Wünsche der Persona unter bestimmten Bedingungen, die das Team gemeinsam herausgefunden hat, berücksichtigt werden. Die Teammitglieder sollten unter Zeitdruck einen Konsens finden und das für die Persona relevante Thema fokussieren.

Risiken

Damit der Prozess erfolgreich ist, muss er agil sein. Für die Agilität wiederum ist ein geeignetes Umfeld in der Organisation erforderlich (siehe Kapitel 2.4). Die Aufmerksamkeit muss von unten nach oben übergehen – von der Einzelperson zum Team bis hin zur Organisation. Es ist denkbar, von der Organisation des Designs zum Design der Organisation überzugehen (siehe Kapitel 2.5).

Idee und Struktur

Einleitung

Business-Design-Rad

Ecosystem und Network

Fallstudien

Ausblick

Stichwortregister

Autorin

Beitragsautoren

Danksagung

Lösungsbereich

Der Lösungsbereich beginnt, nachdem der Point of View festgelegt wurden mit der Formulierung folgender Frage: »Wie können wir der Persona helfen, um …?«

Dieser Bereich besteht aus einem Wechsel von Divergenz- und Konvergenz-Phasen in der immer knapp vorgegebenen Zeit. Sie umfasst die Schritte Ideenfindung, Prototyping und Testen.

Im Gegensatz zu den Schritten im Problembereich werden die drei Schritte im Lösungsbereich viel schneller durchgeführt. Hier ist das Ziel, möglichst viele Lösungen zu finden, aus den ausgewählten Ideen schnell Prototypen zu entwickeln und diese dann an Kunden bzw. Usern zu testen.

Ideenfindung

Die Ideenfindung führen wir in drei aufeinanderfolgenden Phasen von der divergenten Ideengenerierung bis hin zur konvergenten Ideenauswahl durch:

- Es werden möglichst viele kreative Lösungen (Quantität zählt – nicht Qualität!) zunächst alleine (ggf. in Gruppen) ausgearbeitet.
- Diese Lösungen werden in der Gruppe präsentiert, erweitert, geordnet und nach festgelegten Kriterien bewertet.
- Für den Prototyp werden eine oder mehrere Ideen für die nächste Phase ausgewählt.

Ideen kreieren: Während dieser Phase des Design-Thinking-Prozesses arbeitet das Projektteam mit Methoden der kreativen Ideenfindung (Brainstorming, Bisoziation, Brainwriting usw.). Dabei sammelt es ohne jegliche Art der Bewertung alle möglichen und »unmöglichen« Lösungsvorschläge – auch Lösungen, die völlig unrealistisch erscheinen, werden dokumentiert. Oft helfen sie dabei, die richtige Lösung zu finden oder sind sogar selbst die Lösung. Die erste Phase der Ideenfindung dient dazu, in der knapp bemessenen Zeit von drei bis fünf Minuten, möglichst viele Ideen (20 bis 30 Ideen) von jedem einzelnen Teammitglied zu sammeln.

Ideen präsentieren und ordnen: Die wichtigste Regel während dieses Prozesses ist es, »auf den Ideen anderer aufzubauen«. Hier spielt die Innovationskultur des Unternehmens eine große Rolle (siehe Kapitel 2.4). Die Ideen werden in der Gruppe vorgestellt und das Projektteam entscheidet gemeinsam, mit welchen Kriterien bzw. welchen Methoden eine Auswahl getroffen wird.

Abb. 2.10: Ideen generieren

Abb. 2.11: Beispiel – Ideenauswahl

Idee und
Struktur

Einleitung

Business-
Design-Rad

Ecosystem
und Network

Fallstudien

Ausblick

Stichwort-
register

Autorin

Beitrags-
autoren

Danksagung

Auswahlkriterien: Das Team muss sich auf eine Methode einigen, mit der die beste und verrückteste Idee ausgewählt wird. Die Auswahlmethoden sind vielfältig: Das Team kann z. B. ein Diagramm mit zwei wichtigen Eigenschaften zeichnen, die Ideen darin sortieren und danach auswählen. Auch mit dem Punktevergabeverfahren, bei dem die Teammitglieder 3 bis 4 Punkte für die Ideenauswahl haben, können die Ideen bewertet werden. Zudem sind Kombinationen von Ideen möglich. Es ist jedoch sehr wichtig, dass das Team gemeinsam entscheidet und alle Teammitglieder mit der Auswahl einverstanden sind.

Ideenauswahl: Anschließend entscheidet das gesamte Team, welche Idee bzw. welche Ideen zu einer Problemlösung führen könnten.

Tipps für Workshops

Die Lösungsideen können auf verschiedene Arten zu Papier gebracht werden. Empfehlenswert ist folgendes Vorgehen. Zunächst wird die vorangegangene Phase mit einer Warm-up-Übung abgeschlossen. Danach bereiten sich die Teams auf die kreative Arbeit des Brainstormings vor. Findet das Team mit Brainstorming keine brauchbaren Ideen, werden weitere Methoden wie z. B. Brainwriting, Brainwalking oder die 6-3-5-Methode eingesetzt. Es gibt zahlreiche Methoden, die Sie leicht im Netz oder in Büchern finden.

Brainstorming: Beim Brainstorming kann jeder Teilnehmer seine Ideen z. B. auf Post-its schreiben oder zeichnen. Hierzu gibt es Ideengenerierungsregeln, die unbedingt eingehalten werden müssen (vgl. Abbildung 2.12).

Die generierten Lösungsideen sollten möglichst als Zeichnungen, einzelne Wörter oder Buchstaben auf Post-its vermerkt werden. Einzelne Zeichnungen oder Wörter müssen nicht perfekt beschrieben werden, sondern können auch Assoziationen über spontane Ideen ermöglichen.

Bei der Ideenpräsentation erläutern einzelne Teilnehmer die Idee auf einem Metaplan bzw. auf einer Fläche (Tisch, Wand oder Fenster). Andere Teilnehmer können die Idee ergänzen, dürfen sie jedoch nicht kritisieren. In dieser Phase ist Kritik tabu. »Auf den Ideen der anderen aufbauen« ist eine wichtige Regel. So können Ideen gemeinsam erweitert, veredelt und als Gruppenlösung akzeptiert werden. Die Diversität des Teams ist dafür sehr hilfreich. Erfahrene Workshopleiter können, je nach Gruppenkonstellation, auch andere Kreativitätsmethoden auswählen und mehrere Sektionen der Ideenfindung durchlaufen lassen.

Prototypen

Prototypen sind schnell gefertigte anpassbare Versionen von Ideen. Dabei können sehr unterschiedliche visuelle Methoden herangezogen werden. Wir kennen Prototypen aus der Produktentwicklung, wie z. B. in der Automobilindustrie. Ein Prototyp kann auch ein vom Team gespieltes Theaterstück oder ein kleiner Sketch für eine neue Dienstleistung sein, auch visuelle Konzepte, wie z. B. eine ausgefüllte Value-Proposition-Map, eine Business-Model-Canvas (siehe Kapitel 2.6) oder die Darstellung eines Services mit Legosteinen oder eine Applikation. Zudem können Filme oder Karikaturen Prototypen sein. Der Kreativität des Teams sind keine Grenzen gesetzt.

In diesem Prozessschritt erfolgt die Fertigung von Prototypen für die ausgewählten Lösungen. Auch hierfür ist nur ein knapper Zeitraum vorgesehen. Mit Prototypen können die Lösungsansätze bereits in der Innovations- und Geschäftsmodellierung ziemlich schnell mit den zur Verfügung stehenden Materialien »quick und dirty« umgesetzt werden. Mit der ersten Version des Prototyps kann das Team die Idee gemeinsam erweitern und verbessern.

Falls erforderlich, gehen die Teammitglieder während des gesamten Prozesses immer wieder zu einzelnen Schritten zurück: beispielsweise wenn ein Problem nicht richtig verstanden wurde, Daten fehlen, zusätzliche Beobachtung erforderlich ist oder Informationen für die Synthese fehlen. Damit gewinnt das Team neue Erkenntnisse. Die neuen Informationen helfen bei der Verbesserung der Prototypen (Konzepte) oder sogar bei der Erstellung von gänzlich neuen Prototypen. Dabei wiederholen wir den iterativen Prozess so lange, bis ein oder mehrere Prototypen zum Testen bereitstehen. Durch die gemeinsame Erstellung des Prototyps sowie die vereinfachte

Idee und Struktur

Einleitung

Business-Design-Rad

Ecosystem und Network

Fallstudien

Ausblick

Stichwortregister

Autorin

Beitragsautoren

Danksagung

Darstellung entstehen neue kreative Ideen, die die ursprüngliche Idee veredeln. In der Testphase ermöglichen Prototypen dem Betrachter einen leichteren Zugang zur Idee und ein schnelles Verständnis. Das schnelle Prototyping mit niedrigen Materialkosten ermöglicht erste Kunden-Feedbacks zur Idee.

Materialien und Methoden: Erlaubt sind alle zur Verfügung stehenden physischen Materialen im Arbeitsraum sowie geistige künstlerische Wege, die zur Visualisierung der Ideen in den Köpfen der Menschen dienen. Zur Methodenliste gehören z. B.:

• Video,
• Theater,
• Sketch,
• Rollenspiele,
• Applikation,
• Konzepte,
• Storytelling.

Das Hauptziel des Prototyps ist, zusätzliche Informationen (über Feedback und Beobachten) von Kunden und Usern zu bekommen und damit am Ende des Design-Prozesses ein Minimum Viable Product (MVP) zu produzieren. Das bedeutet, es wird die erste minimal funktionsfähige

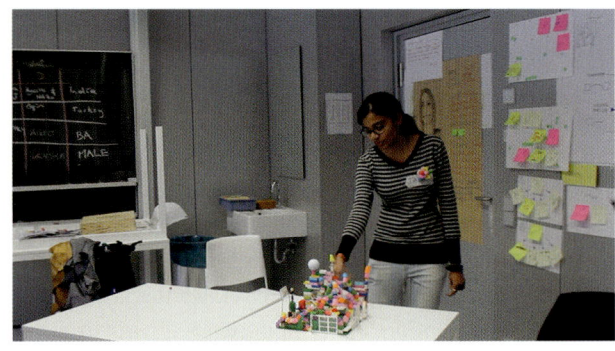

Abb. 2.13: Prototyping – Präsentation

Iteration eines Produkts entwickelt, um die Marktchancen einer Produktidee zu testen. Prototypen gehören zu den wichtigsten Kernwerten des Design-Thinking-Ansatzes. Dabei geht es nicht nur um dreidimensionales Denken oder das sogenannte »Denken mit Händen«, sondern auch um die Einstellung zum »Experimentieren«. Experimentieren erfordert die Herangehensweise eines Forschers und setzt voraus, dass man ständig in Aktion bleibt.

Risiken: Risiken entstehen dann, wenn keine relevante Lösung gefunden wird und mehrere Iterationsschritte erforderlich sind (erhöhter Zeitaufwand). Man kann iterativ in eine andere Phase zurückkehren und falls gewünscht, neue Daten sammeln und/oder neue Ideen generieren. Das Ganze wird so lange wiederholt, bis der optimale Prototyp entsteht (Iteration und Agilität des Prozesses).

Test

Nach der Fertigstellung eines Prototyps beginnt ohne Zeitverlust die Testphase bei Nutzern und Kunden. Das Ziel ist, die erworbenen Erkenntnisse im Design-Thinking-Prozess umzusetzen, um damit eine optimale und innovative Lösung für das Problem des Kunden zu finden. Durch einen zeitnahen, schnellen Test kann einem Scheitern sowie möglichen Fehlern kostengünstig begegnet werden. Zudem ist eine schnelle Fehlerkorrektur möglich. Da der Design-Thinking-Prozess die Kunden und Nutzer schon vor der endgültigen Umsetzung des Projektergebnisses berücksichtigt, sinkt die Wahrscheinlichkeit des Scheiterns erheblich. So kann der Test zeigen, dass weitere Lösungsvorschläge notwendig sind und der Design-Thinking-Prozess an einem ausgewählten Schritt nochmals wiederholt werden muss (iteratives Verfahren).

Das Testen des Prototyps (gegebenenfalls Minimum Viable Product) läuft wie in einer Kunstausstellung ab. Während der Prototyp dem Kunden bzw. User präsentiert oder vorgezeigt wird, beobachtet man, was der Kunde oder User tut und was er nicht tut. Auch ein verbales Feedback und insbesondere die Emotionen der Kunden zeichnet man auf.

- Was sagt er?
- Was bewegt ihn?
- Was findet er gut oder schlecht?
- Vor allem warum?

Die Antworten auf diese Fragen dienen dazu, den Kunden besser zu verstehen und durch die Iteration den Prototypen verbessern zu können.

Tipps für Workshops

Nicht immer stehen in einem eintägigen Workshop Kunden oder User zum Testen bereit. Deshalb wird der Test in Form einer Präsentation vor anderen Gruppen durchgeführt. Der Kundentest wird dann nachgeholt. Es geht darum, die Methodik zu üben und damit die ersten »Aha-Erlebnisse« zu bekommen.

Idee und Struktur

Einleitung

Business-Design-Rad

Ecosystem und Network

Fallstudien

Ausblick

Stichwortregister

Autorin

Beitragsautoren

Danksagung

Was ist noch wichtig? Es gehört auch Mut dazu, mit einem unfertigen oder noch nicht perfekten Produkt einen Kunden anzusprechen. Für den Ideengeber sollte das Ziel sein, möglichst schnell viele Feedbacks zu bekommen und diese Erfahrungen dann in das Produkt einzuarbeiten. Viele Ideengeber sind in ihre ersten Ideen verliebt und fühlen sich durch das Feedback persönlich angegriffen. Manchmal geben sie die Idee sogar auf. Deshalb sollte man immer in Aktion bleiben und die Testerkenntnisse kontinuierlich einarbeiten. Wie Eltern ihre Kinder irgendwann loslassen, sollte auch der Prototyp losgelassen – nicht aufgegeben – werden.

2.2.4   Zusammenfassung

Daten bleiben nur in Form von Geschichten im Gedächtnis. Deshalb sollte das Team nicht nur die Daten und Informationen ordnen und darstellen, sondern die Synthese zu einer guten übergeordneten Geschichte ausarbeiten. Je besser die Geschichte ist, desto kreativer sind nachfolgende Lösungsansätze. Der Lösungsbereich beinhaltet die kreativen und agilen Prozessschritte. Die multidisziplinären Kenntnisse und unterschiedlichen Charaktere der Teammitglieder kommen hier besonders zur Geltung. Dem Team macht es richtig Spaß, wenn die kollektive Kreativarbeit in Gang gesetzt ist. Die Ergebnisse mehrerer Iterationen zeigen kontinuierliche Fortschritte in kürzester Zeit und diese motivieren das Team, weiter daran zu arbeiten. Auch ein eventuelles Scheitern ist viel leichter zu verkraften. Durch die gemeinsame Erfahrung und Reflexion kann das Team neue Ideen ausprobieren und Iterationen wiederholen.

Entrepreneure/Start-ups

Ein Entrepreneur sollte die Bewegung zwischen divergentem und konvergentem Denken einerseits sowie detaillierter Analyse und synthetischem Urteil andererseits beherrschen. Für Entrepreneure und Start-ups bietet der Lösungsbereich zwei große Vorteile, die für den Erfolg wichtig sind:

- einen großen Ideenpool, dessen Ideen man eventuell nacheinander aufgreifen kann und
- das viel höhere Kreativitäts- und Wissensniveau des Teams (We-Q statt IQ) vergleichsweise zu einzelnen Teammitgliedern.

Eines der größten Probleme von Start-ups (mit einem oder zwei Gründern) ist es, die frustrierende Anfangsphase alleine zu meistern. Auch bei Entscheidungen fühlen sie sich oft alleine gelassen. Daher ist die gemeinsame Arbeit mit anderen Start-ups, Mitarbeitern, mit weiteren multidisziplinären Teilnehmern, Kunden und sonstigen Stakeholdern von großer Bedeutung. Selbstverständlich müssen Gründer in Start-ups ihre Entscheidungen letztendlich alleine treffen. Verschiedene Sichtweisen und die Diskussionen erweitern jedoch den Horizont der Argumente und Alternativen. Dies wiederum hilft bei der relevanten Entscheidungsfindung. Die Start-up-Teams brauchen die agile Vorgehensweise des Ideenbereichs, insbesondere Methoden/Ansätze wie Prototypen, zeitnahe Kontakte zu Kunden und das schnelle Prüfen, um die Marktfähigkeit des Angebots zu testen und Korrekturen/Anpassungen vorzunehmen.

Intrapreneure

Die Besonderheit im Vergleich zu Entrepreneuren ist die gute und rechtzeitige Kommunikation und Abstimmung mit der Führungsebene über die zeitliche und inhaltliche Abgrenzung der Prozessschritte zwischen divergenten und konvergenten Phasen.

Bei Intrapreneuren in etablierten Unternehmen helfen die Prozesse im Lösungsbereich, das agile Vorgehen zu etablieren und im Markt die erforderliche Konkurrenzfähigkeit zu erhöhen. Dabei wird das Silodenken in den einzelnen Abteilungen des Unternehmens aufgelöst. So werden die gemeinsamen Ziele mit den unterschiedlichen Charakteren und Disziplinen in Team leichter erreicht. Die Unternehmenskultur wird dadurch geprägt (siehe Kapitel 2.4).

Quellen

Bozyazi, Esin (20.07.2017): https://www.entrepreneurship.de/summit/files/Bozyazi_Design-Thinking-im-Projekt-management-Bozyazi-fuer-Summit-14.pdf

Brown, Tim (2009): Change by Design, New York.

Eppler, Martin J. (2014): Creability: Gemeinsam kreativ – innovative Methoden für die Ideenentwicklung in Teams, Stuttgart.

Erbeldingen, J./Ramge, T. (2014): Durch die Decke denken: Design Thinking in der Praxis. München.

Harari, Yuval Noah (2013): Eine kurze Geschichte der Menschheit, München.

Lewrik, M./Link, P./Leifer, L. (2017): Das Design Thinking Playbook: Mit traditionellen, aktuellen und zukünftigen Erfolgsfaktoren, Vahlen.

Uebernickel, Falk u. a. (2015): Design Thinking – Das Handbuch. Frankfurt am Main.

van Aerssen, Benno (2009): Revolutionäres Innovationsmanagement. Mit Innovationskultur und neuen Ideen zu nachhaltigem Markterfolg, München.

http://www.ideenfindung.de

Idee und Struktur

Einleitung

Business-Design-Rad

Ecosystem und Network

Fallstudien

Ausblick

Stichwortregister

Autorin

Beitragsautoren

Danksagung

2.3   Design of Place

Wolfgang Grillitsch

Einen Design-Thinking-Workshop können Sie überall machen. Gut, eine Einschränkung gibt es. Der Raum sollte ausreichend groß sein. Und wenn er groß genug ist, dann sollte man vielleicht auch noch die Möglichkeit haben, die Möbel nach Bedarf umzustellen, einen Stuhlkreis zu bilden, dann kleine Gruppen um mehrere Tische zu setzen, Post-its an die Wand zu pinnen. Also groß genug, flexibel genug und…

Ein Raum muss, abhängig davon, was man darin tut, einige funktionelle Voraussetzungen erfüllen. Neben der Größe und der Flexibilität seiner Möblierung gibt es natürlich noch zusätzliche Anforderungen an einen Raum. Licht zum Beispiel. Wussten Sie schon. Dann wissen Sie sicher auch über die wichtige Rolle der Raumakustik Bescheid? Die fällt uns immer erst dann auf, wenn keine ausreichenden Maßnahmen zu ihrer Einstellung getroffen wurden. Wenn man merkt, dass die Stimme überstrapaziert wird oder dass die Ohren schmerzen, weil der Raum hallt und die schrille Stimme der Referentin sich verzehnfacht.

Was noch? Die meisten bisher beschriebenen Voraussetzungen sollten in den Räumen Ihres Unternehmens, immerhin eine Arbeitsstätte, die einer Verordnung unterliegt, vorliegen. Es gibt noch weit mehr, was solche Räume leisten sollen, was wir aber hier nicht näher erörtern können. Wir wollen uns damit beschäftigen, ob Kreativität durch Räume beeinflusst werden kann. Wenn wir in diesem Text Raum betrachten, ist der Raum mit all seinen Ausstattungsgegenständen und den darin befindlichen Möbeln als Einheit gemeint.

Im Kapitel 2.3.1 werden wir den Zusammenhang von Kreativität und Räumen ganz allgemein betrachten, um dann Räume für Design-Thinking-Workshops als »Kreativlabor« beschreiben zu können (Kapitel 2.3.2). Meistens stehen wir aber vor dem Problem, dass Design-Thinking-Workshops in Räumen stattfinden sollen, die für diesen Zweck ungeeignet sind. Das Kapitel 2.3.3 befasst sich damit, wie man in diesem Fall Abhilfe durch temporäre Maßnahmen schaffen kann. Dazu betrachten wir als Vorüberlegung, was temporäre Architektur leisten kann. Danach überlegen wir, wie man einen Raum, der für kreative Teamarbeit funktionieren soll, temporär für Workshops umgestalten kann. Anschließend entwerfen wir ein Szenario, bei dem ein ganzes Firmengelände einer temporären Intervention unterzogen wird und überlegen, ob sich daraus zusätzlich ein bleibender Mehrwert ergibt.

TIPP: *Aus faltbaren Kartons lassen sich raumgreifende Workshoplandschaften gestalten*

Abb. 2.14: Mit einfachen Eingriffen etwas völlig Neues schaffen

Idee und Struktur

Einleitung

Business- Design-Rad

Ecosystem und Network

Fallstudien

Ausblick

Stichwort- register

Autorin

Beitrags- autoren

Danksagung

Das abschließende Fazit im Kapitel 2.3.4 schafft nicht nur einen Überblick, sondern arbeitet noch einmal heraus, was für räumliche Interventionen in Zusammenhang mit kreativen Workshops spricht.

2.3.1   Raum und Kreativität

Gib den Gedanken Raum: Raum, Denken, Kreativität
Sicher haben Sie sich schon einmal zum Arbeiten in ein Café gesetzt. Sie und ihr Laptop, daneben ein Cappucino. Inspiriert vom Stimmengewirr ist es Ihnen viel leichter gefallen, als Sie dachten, den längst überfälligen Text fer-

tig zu schreiben. Mit Sicherheit wissen wir: Cafés sind inspirierende Orte, denen wir eine ganze Menge an Literatur zu verdanken haben. Wir wissen aber nicht, wie viele Ideen im Café entwickelt wurden, welche anregenden Diskussionen dort stattgefunden haben, was stille Beobachter dort festgehalten haben, um daraus ihre Theorien zu entwickeln. Aber es wird schon eine ganze Menge sein, so viel ist sicher. Und die ruhmreiche Caféhauskultur ist kein Relikt der Vergangenheit. Weltweit belagern Hipsters mit ihren Macbooks die Kaffeeröstereien und hecken dort ihre Projekte aus.

Stehen Denken, Kreativität und Raum in einem Zusammenhang? Auf jeden Fall gibt es Begrifflichkeiten und Floskeln, welche dies implizieren, wie z. B.: »Gib den Gedanken Raum.« Manchmal sind »keine Ideen im Raum«. Oft werden räumliche Begriffe losgelöst vom tatsächlichen Ort verwendet, sinnfälliges Beispiel dafür ist »Workshop«. Ursprünglich ein performativer Ort, in dem etwas entsteht, produziert und gehandelt, also ausgetauscht wird, aber dessen ursprüngliches Produktionsgut transformiert wurde. Die Werkstatt (mit Geschäft) transformiert zur Denkwerkstatt. Es ist aber auch durchaus sinnvoll und bereichernd, diese räumlichen Power(w)orte wieder von ihrem Ursprung aus zu betrachten, um ihnen mehr abringen zu können.

Was macht eine Werkstatt aus? Man darf sie (und sich) zunächst einmal schmutzig machen, sie ist ein robuster Raum, hier darf gehobelt werden und die Späne kann man später aufkehren. Die Werkbank hält etwas aus. Die Werkzeuge sind in Griffweite, oft wie in einer musealen Ausstellung arrangiert. Sie betteln uns regelrecht an, sie in die Hand zu nehmen und damit etwas zu schaffen. Wie kann man diese besonderen Qualitäten, welche der Werkstatt innewohnen, beschreiben oder zusammenfassen? Innenarchitekten benutzen gerne das Wort Atmosphäre, wenn sie über räumliche Qualitäten sprechen. Sprich, »der Werkstatt wohnt eine besondere Atmosphäre inne«. Schwierig wird es, wenn man dann genauer werden soll. Wie lässt sich das nebulöse Konstrukt Atmosphäre festhalten und dingfest machen, am besten so, dass wir handfeste Muster erkennen können, die es sich lohnt, auf andere Situationen zu übertragen. Atmosphäre ist ein sehr unscharfer Begriff. Für uns Menschen aber ist es entscheidend, wie wir Räume wahrnehmen, das heißt, die Atmosphäre eines Raumes ist bestimmend und genau das, was gute Räume von schlechten unterscheidet. Kreativräume müssen neben allen funktionalen Anforderungen über ihre Atmosphäre funktionieren.

2.3.2 Kreativlabor: maßgeschneiderte Räume für Design-Thinking-Workshops

Nicht dass ich ihre Räume schlechtreden will. Aber in vielen Unternehmen sind Räumlichkeiten, welche für Workshops bereitgestellt werden eher eine Blockade für kreative Gedanken als ein Impulsgeber für innovative Ideen.

Zum einen sind es klar benennbare Probleme: unflexible Möbelmonster, welche den Raum und seine Verwendung, aber oft auch eine Hierarchie klar festschreiben. Jede Ecke des Raumes ist durch die Einrichtung bereits klar definiert, es finden sich wenige Orte im Raum, die überhaupt die Option für spontanes Handeln bieten. Neben fehlender Flexibilität haben solche Räume fast immer atmosphärische Probleme, welche sehr schwer dingfest zu machen sind. Irgendwie erfüllen diese Räume ihren Zweck und funktionieren sogar, aber wir empfinden sie als nicht mehr zeitgemäß. Diese Räume regen uns nicht an, ihnen fehlt der Platz für neues Denken. Sie haben Atmosphäre, jedoch nicht die richtige Atmosphäre. Wie wir den Raum wahrnehmen, man könnte auch sagen, lesen, langweilt uns, wie eine Geschichte, die uns schon tausende Male erzählt wurde. Wir fühlen eine Enge und eine öde Spießigkeit, wir empfinden es als einschläfernd.

Was eignet sich besser für einen Workshop, ein möglichst neutraler Raum oder ein Raum, der über einen gewissen Ausdruck verfügt? Schwer zu beantworten und die Antwort liegt irgendwo in der Mitte, zwischen einer abstrakten und einer erzählenden Gestaltung. Dabei ist kein Raum ohne Ausdruck. Neutrale Räume drücken aus, neutral sein zu wollen, flexible Räume zeigen oft vordergründig mehr Flexibilität, als sie wirklich haben.

Räumliche Flexibilität an und für sich entsteht, wenn man entweder eine bestimmte Anzahl unterschiedlicher Räume für einen Workshop zu Verfügung hat, wenn ein großer Raum nach Wunsch unterteilbar ist und die raumtrennenden Elemente dazu vorhanden sind und wenn die vorhandenen Möbel im Raum frei arrangierbar sind.

Manche Möbel tragen mehr zur Flexibilität eines Workshop-Raumes bei als andere. Bei sehr großen, raumgreifenden, oft schweren Möbeln kann es sehr einschränkend sein, wenn zu viele Möbel im Raum sind, die, wenn man sie zur Seite räumt, einen großen Teil des Raumes in einen Stauraum umwandeln. Zudem nehmen nicht stapelbare Möbel (z. B. wenn Tische zu schwer sind, um sie zu stapeln) viel der Netto-Raumfläche ein. Ein so entstehendes »Möbel-Schaulager« stört meistens die räumliche Atmosphäre. Es gibt durchaus die Möglichkeit, Möbel flexibel zu nutzen und für verschiedene Zwecke einzusetzen. Leichte

Idee und Struktur

Einleitung

Business-Design-Rad

Ecosystem und Network

Fallstudien

Ausblick

Stichwortregister

Autorin

Beitragsautoren

Danksagung

TIPP: *Raum im Raum.*
In einen großen Raum eingestellte kleinere Räume erzeugen nicht nur einen zusätzlichen abgeschlossenen Raum, sondern gliedern und verfremden auch den großen Raum.

Abb. 2.15: Ein textiler Raum mit spielerischem Inhalt

Tischplatten, losgelöst von Untergestellen (z. B. Böcken) können auch an die Wand gelehnt als Ausstellungsflächen dienen. Senkrecht aufgestellt werden sie zu Raumteilern, ausgestattet mit White- oder Blackboard-Oberflächen lassen sie sich gleich beschriften. Stapelbare Hocker können zu Wänden und Pulten formiert werden. Als Regalwand können sie Objekte aufnehmen oder helfen, bestimmte räumliche Situationen zu simulieren.

Nächste Frage: Ist ein großer Raum für alle, in dem sich Teilnehmer plus Coach versammeln können, besser als mehrere kleine Räume für Gruppenarbeit? Optimal wäre natürlich beides, ein großer Raum für das gesamte Team und mehrere kleine Räume für die Gruppenarbeit. Die kleinen Räume könnten dabei sehr unterschiedlich sein. Der Wechsel zwischen den Räumen bringt jedes Mal neue Reize, die sich positiv auf die Kreativität auswirken. Abhängig vom Konzept eines Workshops, kann die Abfolge von Räumen als Parcours benutzt werden. Die einzelnen Stationen können dann mit verschiedenen Inhalten aufgeladen werden.

Hat man nur einen großen Workshop-Raum zur Verfügung und will, wie zuvor beschrieben arbeiten, kann man einen großen Raum mit mobilen Raumteilern unterteilen. Raumnischen, um einen großen zentralen Bereich angeordnet, sind ein gut funktionierendes Beispiel dafür.

Räumliche Sichtbeziehungen zwischen Nischen und Zentralraum können konstruktiv in den Workshop-Ablauf einbezogen werden.

Nischen stehen in einem interessanten Bezug zum Gesamtraum, dessen Bestandteile sie sind. Sie können eine vom Gesamtraum abweichende Atmosphäre haben, die aber zu der des Hauptraumes in einer wechselseitigen Beeinflussung steht. Eine Nische kann ruhig, zum Sitzen einladend (z. B. Alkoven oder ein besonderes Element der Lichtführung) sein.

Nischen sind eine wunderbare Möglichkeit, informell aufeinanderzutreffen und zufällige Kommunikation zu fördern. Wird die Nische vergrößert, so entsteht ein fließend abgetrennter Raumbereich. Es ist sehr hilfreich, diesen Raumbereichen eine eigene Identität (z. B. durch unterschiedliche Möbel, Teppiche, Leuchten) zu geben. Dadurch werden sie einprägsam in unserer Wahrnehmung und helfen auch mit, Inhalte oder Tätigkeiten in diesen Bereichen unterscheiden zu können und im Gedächtnis zu halten.

Insgesamt kann die räumliche Struktur für die gewünschte Bewegung der Workshopteilnehmer sorgen. Abwechselnde Konstellationen und Durchmischungen in den Gruppen können ganz natürlich mit den Räumen verbunden werden und so für einen dynamischen Ablauf

Idee und
Struktur

Einleitung

Business-
Design-Rad

Ecosystem
und Network

Fallstudien

Ausblick

Stichwort-
register

Autorin

Beitrags-
autoren

Danksagung

sorgen. Genügend Freiraum soll informeller Kommunikation zur Verfügung stehen.

Was für die Möbel gilt, lässt sich auch von allen anderen Elementen eines Raumes sagen. Prinzipiell lässt sich jede Oberfläche aktivieren. Fenster und Glastrennwände bzw. Türen lassen sich mit Whiteboard-Markern beschriften. Eisenmetallische Elemente können durch Magnete vielfältig nutzbar gemacht werden.

Schwieriger nutzbar sind Oberflächen, die sich weder zum Beschriften noch dafür eignen, etwas daran zu befestigen oder aufzuhängen. Dann bleibt noch die Möglichkeit einer Projektion. Beamer-Projektionen, die sich mit Raumoberflächen überlagern, ergeben interessante Effekte.

Räumliche Prototypen oder Modelle

Bekommen wir bessere Workshop-Räume, wenn wir uns an Vorbildern orientieren? Wenn wir z. B. den Raum »Workshop« als Vorbild für Workshop-Räume nehmen. Welche Werkstatt eignet sich als Vorbild für die kreative Denkwerkstatt? Interessanterweise bedeutet Workshop, wörtlich übersetzt, ein Arbeitsgeschäft und hat selbst schon eine Mehrdeutigkeit in seiner Funktionalität. Wir können uns eine Werkstatt als Ladengeschäft vorstellen, in dem hergestellt oder repariert wird und das von Kunden frequentiert wird. Eine Werkstatt oder auch eine kleine Werkhalle hat schon als Raum vielfältige Potenziale.

Eingebaute Geräte oder Ausstattungen wie ein Kran oder Fragmente bestimmter Elemente wie große Schalter oder Lager von Antrieben werden als kreative Ablenkung wahrgenommen. Elemente, die nicht mehr ihre ursprüngliche Funktion erfüllen, regen unseren Geist zu einer Umdeutung an. Es sind solche Elemente die etwas erzählen, aber offen genug sind für eigene Gedanken und Träumereien. Oft sind die Qualitäten zunächst wenig offensichtlich, aber atmosphärisch sehr prägend – ähnlich dem Holzgeruch in einer Tischlerwerkstatt.

Thinktanks, auf deutsch als Ideenfabrik übersetzt, sollen hier vor allem anhand des räumlichen Potenzials, das im Begriff steckt, betrachtet werden. Betrachten wir zuerst die deutsche Übersetzung: Ideenfabrik evoziert zum einen Bilder aus der industriellen Produktion, vielleicht mit modernsten Robotern ausgestattet. Das andere Bild ist das ehemalige Fabrikgebäude, dass als solches nicht mehr genutzt wird und nun eine neue Bestimmung erhält. Spätestens seit Andy Warhols »factory« als kreativer Produktionsort weltberühmt wurde, träumen viele Künstler davon, in einer Loftetage zu leben und zu arbeiten. Es ist gerade das Umdeuten des Ortes, das anregend für die Kreativität wirkt.

Idee und
Struktur

Einleitung

Business-
Design-Rad

Ecosystem
und Network

Fallstudien

Ausblick

Stichwort-
register

Autorin

Beitrags-
autoren

Danksagung

TIPP: *Ein einfaches System aus Leichtbauplatten und Böcken erlaubt eine flexible Nutzung von Raum. Es können sowohl Raum-im-Raum-Situationen als auch Raumnischen hergestellt werden. Die Platten können auch direkt beschrieben und bearbeitet werden.*

Abb. 2.16: Transportables flexibles System für Workshops

2.3.3 Flexible Räume

Temporäre Räume: professionell und provisorisch

Nicht jede Architektur ist für die Ewigkeit gedacht. In den letzten Jahren ist temporäre Architektur zusehends in den Fokus architektonischer Debatten gerückt. Dabei sind temporäre Eingriffe durchaus nichts Neues. Seit jeher wurden Bauten auf Zeit für Feste und als Übergangslösungen geplant. Neu in der Debatte ist es, von temporären Interventionen zu sprechen und diese als strategisches Tool zu begreifen. Temporäre Strukturen sind in unserem Umfeld allgegenwärtig. Leider, sehr oft ohne ästhetischen Anspruch geplant, tragen sie meistens nicht zur Verbesserung unserer Städte bei.

Kann man einen Raum temporär verbessern? Wir sind generell auf temporäre Bauten angewiesen. Fast auf der ganzen Welt findet man auf Marktplätzen temporäre Stände, welche von den Händlern oft nur für wenige Stunden aufgebaut werden. Neben den dauerhaften Gebäuden sind es meistens die sekundären und tertiären Strukturen, die temporär sind. Aber im Moment wird auch permanente Architektur zusehends auf eine begrenzte Lebenszeit hin betrachtet.

So braucht man sich nicht zu wundern, dass die Bauaufgabe, temporäre Architektur zu errichten, auch von immer mehr namhaften Architekten wahrgenommen wird. Eigentlich errichteten alle weltberühmten Architekten in den letzten Jahren Pavillons auf Ausstellungsgeländen oder im kulturellen Kontext. Auch Büroräume oder Arbeitswelten lassen sich temporär gestalten. Dies bietet die Chance, kurzfristig Gebäude zu beleben, die vielleicht gar nie als Bürogebäude geplant wurden. Oder in bestehenden Büroflächen einen neuen Geist auszuprobieren, bevor man einen teuren Umbau riskiert. Temporäre Arbeitswelten eröffnen die Chance des Ausprobierens und Experimentierens.

Temporär ist auch nicht gleich temporär! Oft sieht man dem Temporären das Kurzlebige nicht an, es wird aufwändig gestaltet und versucht, Dauerhaftigkeit darzustellen. Andere temporäre Interventionen machen aber gerade Spontanität und günstige Kosten zum Ausdruck ihrer Gestaltungssprache. Materialien sind oft Pfandgut (Paletten, Getränkekisten), das später wieder in den Produktkreislauf zurückgeführt wird. Auch der Selfmade-Charakter mancher Interventionen steht mittlerweile für eine hippe kreative Denkweise, die sich in diesen Eingriffen ausdrückt.

Situative Änderungen sind schnell und günstig. Sie sind ein Tool, das gerade im Bereich der Arbeitswelten noch viel zu wenig ausprobiert wurde. Gut funktionie-

TIPP: *Tapeart – Aktivieren Sie den Raum als Speicher für Ideen und Gedanken. Grafiken werden mit reversiblen Klebebändern einfach auf Wand, Boden, Decke und auch über Möbel geklebt. Jeder Seminarteilnehmer kann seine Ideen und Kommentare in den entsprechenden Bildbereichen mit Post-its hinzufügen.*

Abb. 2.17: Aktivierung von Raumzonen mit Tapeart

Idee und
Struktur

Einleitung

Business-
Design-Rad

Ecosystem
und Network

Fallstudien

Ausblick

Stichwort-
register

Autorin

Beitrags-
autoren

Danksagung

rende Vorbilder gibt es viele in den unterschiedlichsten Kontexten.

Ein temporär geänderter Raum kann viel bewirken. Neben günstigen Änderungen oder kurzfristiger Kapazitätsanpassung kann er experimentelle kreative Denkweise ausdrücken und durch Ausprobieren mit der ganzen Belegschaft einen Änderungsprozess begleiten. Was vielleicht später mit hohen Kosten umgesetzt wird, kann als die Planung begleitende Maßnahme ausprobiert und getestet werden. Bestimmte Probleme können kurzfristig gelöst werden. Temporäre Eingriffe helfen uns, das Gewohnte anders zu sehen – ein neuer Blick, der oft auch die Qualitäten des vorhandenen neu bewerten lässt.

Aus den Grenzen ausbrechen: Temporäre Räume für Workshops einrichten

Wenn man einen Workshop in der eigenen Firma macht, können die Räume auch nur für einen oder einige wenige Tage geändert werden. Der erste Eingriff ist meistens die Wahl der Raumbereiche, in denen der Workshop stattfinden soll und die Entscheidung, was aus dem Raum entfernt werden kann. Oft werden so die ersten Barrieren überschritten, die man normalerweise nicht übertreten dürfte. Aber es ist ja nur auf Zeit. Vielleicht aber auch Taktik, eine Änderung anzugehen, vor der man sich länger gescheut hat.

Andere Räume verwenden

Warum muss der Workshop immer im großen Besprechungsraum stattfinden, wo jeder schon stundenlang am abgeblätterten Fleck neben der Deckenleuchte, der wie ein Flugzeug ausschaut, mit dem Auge hängengeblieben ist. Oft ist es interessant, Räume aufzusuchen, die immer da sind und die vielleicht nicht alle so gut kennen: das Versandlager, die überdachte Laderampe vor der Werkstatt oder vielleicht auch einfach Bereiche im Flur vor dem Aufzug. So einfach ist es oft, neue Räume und Anregungen innerhalb der eigenen Gebäude zu bekommen.

Vorhandene Möbel neu einsetzen

Sicher haben Sie als Kind oft unter dem Tisch Ihr eigenes Haus eingerichtet oder den Raum unter der Eckbank als Tunnel verwendet. Mit der Mobilisierung der mobilen Möbel steht Ihnen eine schlagkräftige Armee zu Seite. Probieren Sie aus, welche Potenziale in gestapelten oder umgedrehten Möbeln stecken. Ordnen Sie die Möbel einmal auf ganz unorthodoxe Weise im Raum an. Stellen Sie neue räumliche Situationen her: eine Bar, einen Empfangstresen, eine Caféhausbestuhlung oder eine Portiersloge im Raum.

Gut gestaltete Schilder machen mehr her als Flipchartblätter und können überall als sichtbares Zeichen für Innovation aufgestellt werden.

Idee und
Struktur

Einleitung

Business-
Design-Rad

Ecosystem
und Network

Fallstudien

Ausblick

Stichwort-
register

Autorin

Beitrags-
autoren

Danksagung

TIPP: *Beute – Verwenden Sie farbige Sonnenschirme, um Workshop-Stationen damit zu gestalten. Verewigen Sie die besten Ideen mit Markern darauf. In der Kantine aufgestellt, erzeugen die Schirme eine fröhliche Stimmung und erinnern an den Workshop.*

Abb. 2.18: Setzen Sie ein bleibendes Zeichen und stellen Workshop-Ergebnisse aus

Raum-im-Raum-Konzept

Wenn Sie nun einen Schritt weitergehen, und mit Möbeln einen vom Raum völlig unabhängigen Bereich geschaffen haben, können sie diesen durch einfache Maßnahmen räumlich mehr und mehr abtrennen. Sie können z. B. an den Tischen und Stühlen, welche die Portiersloge bilden, mit Pappe oder Vorhängen die vertikalen Raumbegrenzungen mehr betonen. Selbstverständlich können diese beschriftet oder mit Post-its versehen werden.

Leichtmöbel aus alternativen Werkstoffen

Stellen Sie sich vor, Sie bauen mit tischplattengroßen Spielkarten ein Kartenhaus. Solche Strukturen sind sehr vielseitig einsetzbar und hochgradig flexibel. Natürlich kennen wir alle den Nachteil des Kartenhausbaus, gehen aber davon aus, diesen technisch lösen zu können, indem die einzelnen Platten z. B. ineinandergesteckt werden. Mit einem so hergestellten Baukasten kann jeder vorhandene Raum verändert werden, indem man Räume z. B. mit Raumnischen unterteilt oder einen Raum im Raum schafft. Störende oder unruhige Elemente können verdeckt werden. Ein weiterer Vorteil von Leichtmöbeln besteht in der ästhetischen Qualität, welche ein solches System, wenn es gut gestaltet ist, charakterisiert. Es entsteht eine neue Atmosphäre. Wenn man diesen Baukas-ten in mehreren Räumen einsetzt, werden diese vereinheitlicht und es entsteht eine durchgängige neue Qualität.

Textilien, Folien

Noch leichter, noch flüchtiger ist der Einsatz textiler Elemente bei der räumlichen Umgestaltung. Für Workshops besonders geeignet sind Folien, welche durch Adhäsionskräfte an den Oberflächen haften und diese zum beschriftbaren Whiteboard umwandeln.

Beute

Temporäre Elemente aus leichten, kostengünstigen Materialien zur temporären Veränderung von Workshopräumen haben einen weiteren Vorteil. Man kann sie verändern und direkt bearbeiten. Sie lassen sich beschriften, bekleben oder bemalen. Falls es die Werkstoffe zulassen, kann man auch Öffnungen reinschneiden und je nach vorhandenen Mitteln und Geschick noch weiter anpassen. Verglichen mit den meisten Flipchart-Sheets sind solche Elemente aufgrund des sehr prägenden Designs ästhetisch viel ansprechender und lassen sich als Ernte oder Beute des Workshops als bleibendes Element nach dem Workshop verwenden, indem man es z. B. irgendwo aufhängt. Auch Fotos und Videos, welche während Workshops entstehen, sind durch ein gutes Raumdesign viel

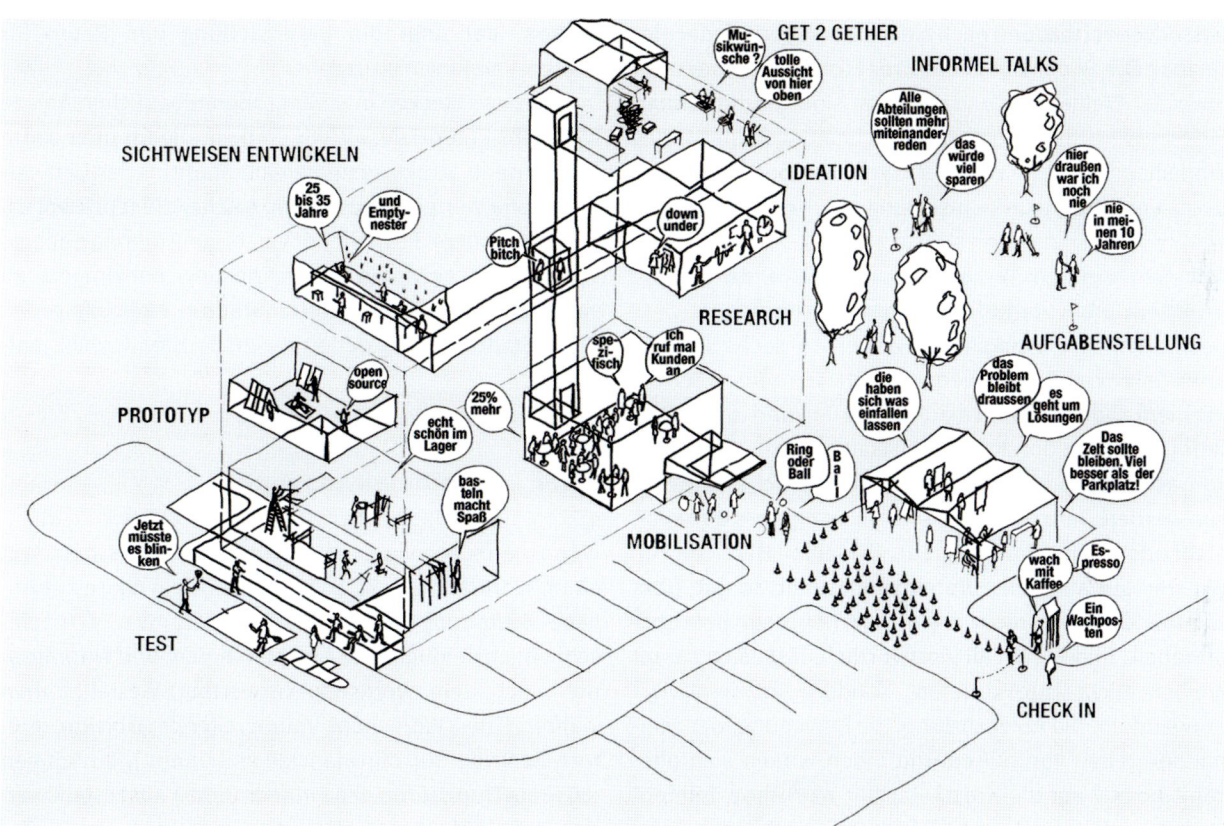

Abb. 2.19: Temporäre raumgreifende Interventionen verändern gesamte Fimensitze

besser verwertbar und nach einem Workshop wieder einsetzbar. Die Bilder mit Leuten vor Flipcharts, Moderatorenkoffer-Elementen und Post-its sind austauschbar. Eine bessere Gestaltung des Erscheinungsbildes eines Workshops hebt den Wert der Ergebnisse und verbessert deren Vermittlung und Umsetzung.

Aufs Ganze gehen: Temporäre raumgreifende Interventionen verändern gesamte Firmensitze

Design-Thinking-Workshops werden in sechs Phasen unterteilt. Wie wäre es, wenn wir jeden einzelnen Schritt in einem anderen Raum machen würden und uns so Station für Station durch unsere gesamte Firma bewegen. Je nach Wetter können auch Außenbereiche einbezogen werden. Sehr oft kennen wir unser eigenes Gebäude nicht oder suchen immer wieder dieselben Bereiche auf. Wir sind gut auf unser Umfeld eingespielt, so gut, dass wir das Daneben nicht mehr wahrnehmen. Betriebsblindheit, in diesem Fall wortwörtlich, lässt sich so, oft einfach nicht nur kurieren, sondern in Kreativität umwandeln. Die Abwechslung, die Bewegung, das Ineinandergreifen von außen und innen wirken sich allesamt positiv auf die Kreativität der Workshop-Teilnehmer aus. Diese Workshop-Prozession als räumliche Aneignungstaktik bringt noch sehr viel zusätzlichen

Nutzen, der über die Bereitstellung von Raum für Design-Thinking hinausgeht.

Meistens stecken in einer größeren baulichen Anlage viel mehr Potenziale, als wir denken. Die oft über Jahre gewachsene Struktur ist wie eine Stadt, in der sich verschiedene Viertel herausbilden, solche, die repräsentativer sind, andere die mehr der Versorgung dienen oder die sogar einer gewissen Verwahrlosung anheimgefallen sind. Aber sind es in unseren Städten nicht oft genau diese Stadtteile, aus denen das neue Kreativrevier entsteht?

2.3.4   Zusammenfassung

Wenn man schon viel Geld, Zeit und andere Ressourcen in einen Workshop steckt, sollte man auch in dessen räumliche Gestaltung investieren. Das gesamte Event einschließlich der Ergebnisse werden besser und einprägsamer nach dem Workshop verwertbar. Gestaltet man während des Workshops raumgreifende Objekte (z. B. rote Schirme auf die man Ideen schreibt), so können diese als Trophäen in den Firmenräumen ausgestellt werden und als Identifikationssymbol dienen.

Temporäre Interventionen bieten zusätzlich die Möglichkeit, die vorhandene, eigene Firmenarchitektur anders zu sehen, denken und benutzen. So werden Potenziale erkannt, die noch in den eigenen Räumen schlummern. Dieser neue, geschärfte Blick lässt nicht nur vorhandene Qualitäten besser erkennen, er deckt Mängel auf und lädt dazu ein, mit deren Beseitigung zu experimentieren.

Zur Nachhaltigkeit des geänderten Blicks gehört auch, das Gewohnte zu hinterfragen und für Neues zu öffnen. Eingriffe auf Zeit bleiben oft als Gedächtnis eines Ortes erhalten, eine kollektive Erinnerung, die im besten Fall Unternehmenswerte räumlich verankert und die Bindung der Mitarbeiter an den Standort stärkt.

Für die Gestaltungsmöglichkeiten Ihrer Räume können Sie den Autor für eine Beratungsanfrage unter www.business-design-workshops.de kontaktieren.

2.4 Design of Culture

Kerstin Schenk

Willkommen in der Welt der kreativen Freigeister! Wer hier zu Hause ist, hat den Mut anders zu sein. Hier gelten keine Regeln und Gesetze. Die ständige Veränderung ist die einzige Konstante. Neugier beherrscht das kollektive Gedankengut. Die Menschen feiern die Überwindung des Alltäglichen wie ein buntes Fest der Schöpfungskraft, die ständig großartige und außergewöhnliche, neue Ideen gedeihen lässt. Kreative Freigeister haben Spaß daran, Dinge einfach einmal auf den Kopf zu stellen und diese neugierig wie ein Kind aus einer völlig anderen Perspektive zu betrachten. Sie stellen prinzipiell alles in Frage. Und so finden sie – oft ohne aktiv auf der Suche zu sein – immer und überall neue Möglichkeiten für bessere Lösungen (angelehnt an Ray/Anderson 2000).

Jeder von uns hat so einen kreativen Freigeist in sich, der voller Ideen steckt und vor Leidenschaft sprüht, sofern diese Seite gelebt werden darf.

Dieser kleine Ausflug in den Lifestyle und Workstyle der Kreativen, soll zugleich eine Idee von einer freigeistigen,

Idee und Struktur

Einleitung

Business-Design-Rad

Ecosystem und Network

Fallstudien

Ausblick

Stichwortregister

Autorin

Beitragsautoren

Danksagung

Abb. 2.20: Free Mind

aber gleichzeitig auch eine Einladung an all jene sein, die sich für die Gestaltung eines ganz besonderen, inspirierenden Nährbodens interessieren, in der außergewöhnliche, schöpferische Gedanken gedeihen und sich geniale Lösungen entfalten können. Eine solche Kultur ist die natürlich-biologische Wurzel der Kreativität und diese kann ungeahnte Innovationskräfte freisetzen! Kreative Freigeister bringen mit ihren Geschäftsideen und Start-up-Unternehmen häufig nicht nur neue und innovative Angebote auf den Markt, sondern sie legen auch eine ganz individuelle und moderne Arbeitsweise an den Tag. Damit fördern sie neue Ideen und erschaffen ganz nebenbei auch neue Formen von Arbeitskultur. Wer Innovationen wichtig für das Wachstum seines Geschäfts findet, der braucht eine Arbeitskultur, die den Geist befreit und Ideen entfesselt.

Nur wer mutig neue kreative Wege nicht nur bei der Entwicklung seiner Leistungen und Angebote, sondern auch bei der Gestaltung seiner ganz individuellen und einzigartigen Arbeitsweise geht, kann dadurch ungeahnte Potenziale freisetzen und diese in Innovationskraft verwandeln! Begeben wir uns also auf die Suche nach dieser Arbeitskultur, die dem Entdecken genialer Ideen Raum gibt, die verborgene Potenziale entfesselt und zu einer immerwährenden Quelle von Schaffenslust und Schöpfungskraft führt!

kreativitätsfördernden Kultur vermitteln, die ein großes Repertoire an Innovationspotenzial hervorbringen kann –

2.4.1 Ein Konzept zur Kulturgestaltung – für Kreative und Querdenker

Es gibt unterschiedliche Auffassungen davon, wie eine Arbeitskultur entsteht, welche Funktionen diese erfüllen kann und welche Elemente zur Essenz einer Kultur im Arbeitskontext gehören.

Um das Konzept der Arbeitskultur für Start-ups greifbarer zu machen, blenden wir einmal die herkömmlichen Definitionen von Unternehmenskultur aus und machen uns auf unsere eigene Entdeckungsreise nach kulturstiftenden Elementen. Ganz im Stil der kreativen Freigeister, die alles da Gewesene in Frage stellen, sind wir somit offener für neue Arbeitsweisen.

Start-ups brauchen eine neue Definition von Unternehmenskultur!

Um diese zu entwickeln und dabei den Geist zu öffnen, lösen wir uns von dem klassischen Begriff »Unternehmenskultur«. Dies ist ein Begriff für ein Konzept, das aus einer alten hierarchischen Denkhaltung herausgewachsen ist, in welcher der Betrieb als kulturprägende Instanz angesehen wird. Wir wollen keine Handlungsdirektive entwickeln, mit dem Ziel das Verhalten von Mitarbeitern zu regulieren oder zu steuern. Wir wollen inspirieren!

Und das nenne ich »Workstyle« (created by Kerstin Schenk).

Gedanken – Spielraum für Kreative

Im unten skizzierten neuartigen Kultur-Ansatz für Start-ups lässt sich Kultur ganz simpel und einfach als eine Art Lifestyle im Arbeitskontext verstehen: dem Workstyle. Dieser wird durch unsere Weltanschauung von Arbeit geprägt und durch die Art und Weise, wie wir arbeiten, belebt. Wenn wir einen innovativ-kreativen und ideenfördernden Workstyle etablieren wollen, dann sollten wir uns einmal mutig lösen, von allem, was wir bisher aus dem gewöhnlichen Arbeitsalltag kennen, und freigeistig darüber nachdenken.

- Wie versteht ein kreativer Freigeist Führung?
- Welche Kommunikations- und Meetingkultur pflegt er?
- Wie versteht er Pausen?
- Welche Philosophie vertritt er im Umgang mit Fehlern?
- Welche Einstellungen und Glaubenssätze hat er zur Zeit?

Indem wir anfangen, anders zu denken, beginnen wir Stück für Stück eine neue Haltung zu entwickeln und

Idee und Struktur

Einleitung

Business-Design-Rad

Ecosystem und Network

Fallstudien

Ausblick

Stichwortregister

Autorin

Beitragsautoren

Danksagung

letztendlich auch neue Handlungsweisen zu entfalten und zu etablieren!

2.4.2 Gestaltungsperspektiven für Kulturneuland

Beginnen Sie die Reise zu Ihrem individuellen Kulturneuland!

Mit dieser zuvor entwickelten Idee von Arbeitskultur als Workstyle, deren Sinn und Zweck es ist, zu neuen andersartigen Arbeitsweisen zu inspirieren, anstatt Verhalten zu normen und zu regulieren, stellt sich der findige und entwicklungsfreudige Unternehmergeist nun die Frage, wie genau sich wohl eine solche Kultur kreieren und zum Leben erwecken lässt. Als Pioniere, die sich auf Entdeckungs- und Entwicklungsreise zu Kulturneuland begeben, verändern wir nicht nur unseren Blickwinkel weg von dem herkömmlichen Konzept der Unternehmenskultur hin zum inspirierenden Denkmodell des Workstyle, sondern gehen auch neue Wege hin zu unserem Ziel:

Eine Arbeitskultur die Kreativität fördert, in der geniale Ideen gedeihen und herausragende, Erfolg versprechende Innovationen entstehen.

Wir folgen dabei der Denkweise, die uns das Business-Design-Thinking lehrt und stellen die Kreativität in den Mit-

Abb. 2.21: Schritte zur Kulturgestaltung im Workstyle

telpunkt all unseres Denkens und Handels. Setzen wir also unseren Ausflug in die Welt der kreativen Freigeister fort und entwickeln eine Arbeitskultur im Kreativprozess.

Step 1: Create a vision

Die Welt braucht Visionäre!

Die Visionsarbeit ist ein wirkungsvolles Instrument aus dem Werkzeugkasten der Kreativen, die meist eine sehr große Vorstellungskraft besitzen und diese nutzen, um ihre Ziele mit Hilfe von starken Bildern zu manifestieren. Wenn wir in diesem Zusammenhang von Bildern sprechen, sind hier in erster Linie mentale Bilder gemeint. Jedoch haben Kreative gleichzeitig auch die Fähigkeit, diese mentalen Bilder mit Hilfe von »Bild und Text« gekonnt, ansprechend und anschaulich in die Wirklichkeit zu transportieren und sichtbar zu machen. Wirksame Visionen sind nicht nur klar und konkret, sondern auch emotional aufgeladen und schaffen eine Art emotionale Bindung an diese Idee einer attraktiven Zukunft. Somit wirken sie identitätsstiftend und anziehend und haben eine enorm motivierende Kraft. Genau so eine Vision bildet die Basis unserer Arbeitskultur.

Think different – Schaffen Sie eine Kultur, die den Geist befreit und bringen Sie Ihr Start-up über alle Grenzen der Vorstellungskraft hinweg zum Erfolg.

Visionsentwicklung mit Journey Mapping

Die Journey-Map ist eine Methode aus dem Portfolio der Kreativ-Wirtschaft, das wir mit einem Tool-Mix anreichern, um unser kreatives Denken zu lenken (vgl. Eichholzer/Oberholzer 2016).

Tool: Persona
Stellen Sie sich vor, in jedem von uns steckt ein kreativer Freigeist. Befragen Sie ihren eigenen inneren kreativen Freigeist, wie er den Tag gerne verbringen möchte und was er braucht, um sein ganzes kreatives Potenzial zu entfalten.

Tool: Canvas
Nehmen Sie sich eine große Metaplanwand oder auch einfach ein großes Blatt Papier (mindestens DIN A3), auf der/dem Sie Ihre Journey dokumentieren.

Idee und Struktur

Einleitung

Business-Design-Rad

Ecosystem und Network

Fallstudien

Ausblick

Stichwortregister

Autorin

Beitragsautoren

Danksagung

Tool: Timeline

Zeichnen Sie einen Tag Ihres Freigeistes nach, vom dem Zeitpunkt des Aufwachens bis zum Schlafengehen. Welche Stationen prägen diesen Tag? (Alternativ kann es auch eine bestimmte Phase sein, wie z. B. die Dienstleistungserbringung von A-Z, das Gründerjahr oder die Priorisierung der Aufträge bzw. die Auswahl der Kunden).

Tool: Fragenstorming

Finden Sie strukturgebende Fragen, um Ihr Denken zu lenken und schreiben Sie diese auf eine bestimmte Farbe von Post-its.

Tool: Brainstorming

Viel Spaß auf Ihrer Journey-Map beim Beantworten der Fragen nach den Brainstorming-Regeln!

Step 2: Discover your Core Beliefs

Entfachen Sie »New Work Spirit« mit Ihrem Workstyle!

Gratulation, Sie haben nun eine klare Vision davon, wie Ihr Workstyle aussehen könnte. Ihre kreativen Kräfte haben den Freiraum, um sich zu entfalten. Die Journey-Map lässt sich zudem wunderbar in eine sinnstiftende Form von Storytelling verpacken, die Sie von nun an nutzen können, um sich selbst oder auch Menschen, mit denen Sie zusammenarbeiten, dazu zu motivieren, neue Wege zu gehen. Denn Sie wissen jetzt, wie diese aussehen! Um jedoch Menschen wirklich zu bewegen, dieser Leitidee zu folgen, braucht es noch etwas mehr als ein klares Bild davon, wo Sie hin möchten. Es braucht Sinn! Nur so hat Ihr Workstyle die Chance, wirklich zur Basis einer Arbeitskultur zu werden, die fester zusammenhält als Meinungen und Haltungen, die sich heutzutage wie ein Fähnchen im Wind drehen und ändern. Sinn muss auch erarbeitet werden. Ein starkes und klares Bild ist gut, aber es ist immer nur die äußere Betrachtung. Um Sinn zu stiften, müssen wir auch das »Innere« betrachten. Nur so kommen wir an die Essenz der Sinnstiftung heran. Wir schauen also auf die »Core Beliefs« (sogenannte Glaubenssätze). Sie sind das Substrat, das Lebenselixier, die geistig-mentale DNA von uns Menschen und somit der Kern, der eine Gemeinschaft zusammenhält. So schaffen wir echte Bedeutung und Relevanz!

Inspire the World! Geben Sie dem Workstyle Bedeutung und schaffen Sie einen Sinn als Anker für eine tiefere Verbindung! So setzen Sie ihn buchstäblich »in Kraft‹!

Kernessenz mit Core Work

Die Kernessenz sind die ganz tief liegenden Glaubenssätze (Core Beliefs) zur Arbeitsweise. Machen wir uns auf die Suche danach (vgl. Häusel 2007):

Tool: Consumer Insight (visualisiert im Marken-Kern-Modell)
Stellen Sie sich den kreativen Freigeist vor und überlegen Sie, was er wohl für grundlegende tiefere Annahmen zum Sinn von Arbeit hat. Zeichnen Sie eine Zielscheibe mit drei Kreisen. Von innen nach außen beantworten sie dort folgende Fragen (siehe auch Abbildung 2.21):

- Core Beliefs:
  - Was ist der Sinn meines Workstyles?
  - Welche tieferen Absichten verfolge ich mit diesem Workstyle?
  - Welche Bedeutung hat Arbeiten für mich?
  - Welche tieferen Bedürfnisse als Geld verdienen gibt es?
  - Was möchte ich mit meinem Workstyle bewirken?
- Main Benefits:
  - Warum ist das wichtig?
  - Was ist der Nutzen dieses Workstyles für mich und für andere?

- Feel the Difference:
  - Wie fühlt sich mein Workstyle für mich und für andere an?
  - Was unterscheidet meine Arbeitsweise von der anderer Start-ups oder Unternehmen?

Step 3: Show the Difference

Die Welt ist nicht schwarzweiß: Zeige Deine Farben!

Die zuvor entwickelten Core Beliefs stiften Sinn und schaffen Orientierung. Nun lässt sich jedem erklären, warum wir so arbeiten, wie wir arbeiten. Es ist die Basis einer orientierungsgebenden und handlungsunterstützenden Arbeitsphilosophie, die Menschen miteinander verbindet.

Es ist die Essenz dieser neuen Arbeitskultur, welche die Menschen, mit denen wir zusammenarbeiten entweder inspiriert oder sogar eine tiefe Verbundenheit auslöst. Manche wird sie aber sicherlich auch irritieren und abschrecken. Es ist die Core Identity Ihres Start-ups und Workstyles und der Beginn Ihrer kreativen Arbeitskultur.

Nun gilt es, diese Arbeitskultur sichtbar, spürbar und wahrnehmbar zu machen. Denn nur so kann sie anfan-

Idee und Struktur

Einleitung

Business-Design-Rad

Ecosystem und Network

Fallstudien

Ausblick

Stichwortregister

Autorin

Beitragsautoren

Danksagung

gen, die Menschen zu bewegen (egal ob Kunden oder Kollegen). Nur indem sie spürbar wird, kann sich die neue Arbeitskultur verbreiten, die Arbeitsweise im Start-up prägen und sich auf die Ergebnisse der Arbeit positiv auswirken. Der Kreativität sind auch bei der Art und Weise, wie die Arbeitskultur sichtbar, spürbar und wahrnehmbar gemacht wird, keine Grenzen gesetzt. Auch hier lohnt es sich, neue Ideen zu entwickeln und andere innovative Formen zu wählen.

Seed the Spirit of Change

Verbreiten Sie den Workstyle und lassen Sie ihn seine Wirkung entfalten. Er wird die Arbeitsweise, die Ergebnisse und die Menschen verändern!

Look and Feel

Um den Workstyle sichtbar zu machen, können klassische Instrumente herangezogen werden. Im Unterschied zur klassischen Entwicklung wird jedoch jede Beschreibung und Visualisierung dieses Workstyles eine ganz andere Qualität und einen viel höheren Reifegrad an Authentizität und Glaubwürdigkeit haben (siehe MacGregor 2007).

Tools

Nun können die Workstyle-Vision in Form einer Leitbild-Beschreibung formuliert werden, die Workstyle-Benefits im Rahmen der Arbeitsphilosophie zusammengefasst und die Grundannahmen in der Corporate-Identity verankert werden.

2.4.3 Workstyle-Marketing: Die Idee zum Leben erwecken

Erzählen Sie von Ihrer Reise und begeistern Sie die Menschen in Ihrem Umfeld!

Hoffentlich konnten Sie von Ihrer Kultur-Entdeckungsreise in das Land der kreativen Freigeister einige Kulturschätze mitnehmen. Wie man diese nach jeder Reise stolz präsentiert und in Formen von Bildern dokumentiert, um die Erlebnisse in Erinnerung zu behalten, sollten Sie nun auch dafür sorgen, dass die Entdeckungen nicht in Vergessenheit geraten. Nur so werden Sie diese nachhaltig in Ihren Arbeitsalltag integrieren können und die Arbeitskultur, die nun kreiert und entwickelt wurde, auch langfristig pflegen.

Das neue Gedankengut und der daraus definierte eigene Arbeitsstil, sind außerdem ein sehr wertvoller Stoff, um sich von anderen Start-ups zu unterscheiden. Letztendlich kaufen Menschen Produkte oder Dienstleistungen, ohne gewisse Überlegungen anzustellen. Bei manchen ist der Preis ausschlaggebend, bei anderen die Qualität, aber immer häufiger werden Produkte und Dienstleistungen auch auf Grund der Art und Weise ihrer Herstellung, der darin verarbeiteten Bestandteile, oder aber auch auf Grund des »Workstyles« und des Entstehungsprozesses der Ergebnisse gekauft. Im Marketing spricht man hierbei von dem »Zusatznutzen«.

Dieser Trend fördert einen individuellen Workstyle. Damit grenzen Sie sich nicht nur mit besseren Ideen und Innovationen ab, sondern überzeugen Ihre Kunden mit Ihrer eigenen und andersartigen Arbeitskultur sowie Ihrer Arbeit. Machen Sie Workstyle-Marketing nach innen und nach außen und prägen Sie dadurch nicht nur den Arbeitsstil im eigenen Unternehmen, sondern inspirieren Sie auch Ihr Umfeld.

Nehmen Sie die Menschen, mit denen Sie arbeiten, mit auf die Reise und lassen Sie den »New Work Spirit« seine Wirkung entfalten!

Quellen

Eichholzer, Anita/Oberholzer, Glenn (2016): Customer Journeys: Kunden verstehen und mit phänomenalen Customer Journeys übersättigte Märkte erobern, Berlin.

Häusel, Hans-Georg (2007): Limbic Success: So beherrschen Sie die unbewussten Regeln des Erfolgs, München.

MacGregor, Sterling (2007): 111 Tipps für ein besseres Arbeitsklima: Seien Sie inspirierend!, Norderstedt.

Ray, Paul, H./Anderson, Sherry Ruth (2000): Studien und Thesen zu »The Cultural Creatives – How 50 Million People are changing the world«, New York.

Idee und Struktur

Einleitung

Business-Design-Rad

Ecosystem und Network

Fallstudien

Ausblick

Stichwortregister

Autorin

Beitragsautoren

Danksagung

2.5 Design of Change

2.5.1 Einführung

Ein Business-Design-Managementsystem erfordert nicht nur eine Veränderung der Unternehmenskultur, sondern auch der Gesellschaft. Glücklicherweise ist der Wandel die einzige Konstante in der Geschichte der Menschheit. In den vergangenen Jahrhunderten haben sich sämtliche Kulturen unter einer Flut globaler Einflüsse komplett verändert. Daher kann von »ursprünglichen« Kulturen keine Rede mehr sein. Bildhafte Beispiele liefern die Nationalhelden und -gerichte: Julius Caesar aß nie Spaghetti mit Tomatensoße, Wilhelm Tell wusste nicht, wie Schokolade schmeckt. Die Indianer sahen die ersten Pferde im Jahr 1492, als die Spanier den Kontinent eroberten. Im 19. Jahrhundert verteidigten sie dann eine recht moderne Kultur, die unter Einwirkung globaler Kräfte entstanden war (vgl. Harari 2013, S. 208-209).

So sind Veränderungen in unserer DNA vorhanden, und auf keinen Fall ist das Durchsetzen von Veränderungen hoffnungslos – wenn auch manche Change-Erfahrungen Gegenbeispiele liefern. Aber die Verinnerlichung von Veränderung braucht in der Regel Zeit, die gerade vor dem Hintergrund des Megatrends Digitalisierung häufig knapp bemessen ist. Im Folgenden geht es deshalb um diese Fragen: Wie kann man im Unternehmen die Veränderungen in der Organisation und im Führungsverhalten gestalten, den Change designen?

2.5.2 Design of Organisation

Thorsten Wolf

Organisationsdesign im Wandel der Zeit

Das bisherige Organisationsdesign der meisten Unternehmen hat seinen Ursprung in der Industriellen Revolution. Frederick Taylor entwickelte damals das, was unter »Scientific Management« bis heute in den traditionell geführten Organisationen zur Anwendung kommt. Seine Kernthesen lauteten damals:

- Die externen (z. B. Zulieferer) und internen (z. B. Arbeitsabläufe) Prozesse eines Unternehmens können berechnet und beherrscht werden.
- Die Arbeit kann in ausführende und planende Arbeit getrennt werden.
- Die Arbeiter und Maschinen erfüllen lediglich einzelne Funktionen (Spezialisierung), die sich zentral planen und steuern lassen (Zentralisierung).
- Anhand wissenschaftlicher Methoden ist es möglich,

die beste Art und Weise zur Ausführung eines Arbeitsschrittes zu ermitteln.

- Die notwendigen Arbeitsabläufe, um ein Produkt zu fertigen, bestehen aus einer bestimmten und festlegbaren Abfolge von Ausführungsfunktionen.
- Menschen arbeiten lediglich, um Geld zu verdienen.

Das alles passte gut in eine Zeit, in der Märkte alles, was produziert wurde, aufsogen wie ein Schwamm und Wettbewerbsvorteile daraus entstanden, dass schneller und billiger produziert werden konnte als bei der Konkurrenz. Obwohl Taylor bei seiner Arbeit von dem Credo »Mehr Wohlstand für alle!« getrieben wurde und er darauf hinwies, seine Konzepte weder auf das höhere Management noch auf die Unternehmer selbst zu übertragen, war er schon zu Lebzeiten starker Kritik ausgesetzt. Durch seine Lehrtätigkeiten u. a. an der Harvard Business School hielten seine Ideen und Methoden Einzug in die Grundstrukturen (damals) moderner Managementausbildungen, wo sie sich bis heute halten.

Viele Jahre später kam die Digitale Revolution. Plötzlich geht es nicht mehr darum, effizienter zu produzieren, sondern den größeren Kundennutzen verglichen mit der Konkurrenz zu bieten. Kapital für Innovationen ist ausreichend vorhanden, wie an dem Beispiel Kickstarter und ähnlichen Crowdfunding-Plattformen deutlich zu sehen ist. Die Probleme sind eher die Generierung von Innovationen und die volle Nutzung des Mitarbeiterpotenzials. Und natürlich, welche neuen Organisationsmodelle für diese Bedingungen geeignet sind, wenn die alten nicht mehr wie gewohnt funktionieren.

Das Menschenbild in der Organisation von morgen

Bevor sinnvoll über neue Formen von Organisationsmodellen und Führung diskutiert werden kann, ist es erforderlich, zuerst über das eigene Menschenbild zu reflektieren. Hilfreich ist die XY-Theorie von Douglas McGregor, die zwischen den beiden konträren Menschenbildern X und Y unterscheidet (vgl. Abbildung 2.22).

Natürlich proklamiert jeder für sich selbst die Zugehörigkeit zu Y. Ein mehr oder weniger großer Teil der anderen jedoch wird X zugeordnet. Dabei werden immer Verhaltensbeobachtungen als Bestätigung der Einschätzung angeführt, aber genau hier liegt der Denkfehler: Verhalten ist abhängig vom Kontext. Menschen verhalten sich auf Hochzeiten anders als auf Beerdigungen. McGregor beschreibt jedoch das Wesen des Menschen und das lässt sich eben nur in dem dafür passenden Umfeld beobachten. Leider ist das häufig der private und weniger der berufliche Bereich. Privat sind Menschen kreativ und

Idee und Struktur

Einleitung

Business-Design-Rad

Ecosystem und Network

Fallstudien

Ausblick

Stichwortregister

Autorin

Beitragsautoren

Danksagung

Abb. 2.22: XY-Theorie von McGregor

engagiert, tüfteln im Hobbykeller vor sich hin, unterstützen soziale Projekte, sind unternehmerisch aktiv. Im Unternehmen heißt es dagegen oft: Dienst nach Vorschrift.

Fazit: Nicht der Mitarbeiter ist kaputt, sondern das Organisationssystem. Und was nicht kaputt ist, muss auch nicht repariert zu werden. Daher ist nicht Personal-, sondern Organisationsentwicklung der Schlüssel zu mehr Agilität oder besser: mehr Wettbewerbsfähigkeit!

Agilität und Wettbewerbsfähigkeit

Die klassische Organisationsform in fast allen Unternehmen ist eine Pyramide, bestehend aus einem oberen und unteren Bereich, einem linken und einem rechten. Dadurch sind die Unternehmensbereiche voneinander getrennt, es kommt zu Silodenken und interner Konkurrenz. Zudem gibt es träge Entscheidungsprozesse aufgrund überlasteter und unzureichend informierter Entscheidungsträger. Die Einsicht, dass Leistung und Wertschöpfung nur als Gesamtprodukt entstehen können, und alle ihren Beitrag dazu leisten müssen, geht verloren oder ist erst gar nicht vorhanden. Die Folge ist: Alle sind zu 100 % beschäftigt, arbeiten jedoch nur zu 50 % oder weniger. Paradox? Nicht wenn Arbeit definiert wird als direkter Beitrag zur Wertschöpfung und diese als Erfüllung von Kundenbedürfnissen oder der Steigerung von Wettbewerbsfähigkeit verstanden wird. Alles andere ist Beschäftigung! Die Prinzipien solcher Organisationen sind: Anweisung und Kontrolle, Regeln und Vorgaben, formale Hierarchien, Planung und Steuerung, um nur einige zu nennen.

Werden in solchen klassischen Organisationsstrukturen dann Tools wie Scrum oder Design Thinking eingeführt, kann der Erfolg nur minimal oder gar negativ sein. Denn diese Tools folgen ganz anderen Prinzipien: Selbstorganisation anstatt Steuerung, Feedback und iterative Verbesserung anstatt Kontrolle, Prinzipien anstatt Regeln, wechselnde Führung durch Reputation anstatt formale Hierarchie, Vorbereitung anstatt Planung, um wieder nur einige zu nennen. Organisationen, die solchen Prinzipien folgen, nennen wir agil oder auch dynamikrobust. Und unter diesen Rahmenbedingungen macht die Arbeit mit den in diesem Buch beschriebenen Tools auch Sinn, wenn sie nicht schon bereits angewendet werden.

Die Pyramide ist tot – es lebe der Kreis

Betrachten wir den Wertschöpfungsfluss in einem Unternehmen: Die Entwurfsabteilung entwickelt ein Produkt. Der Einkauf sorgt für die benötigten Materialien, die Produktion stellt das Produkt her, der Vertrieb verkauft es und der Support kümmert sich um die Kunden. Und dann gibt es noch Controlling, Personal und IT. Die Darstellung in einer Pyramide sieht etwa wie in Abbildung 2.23 aus.

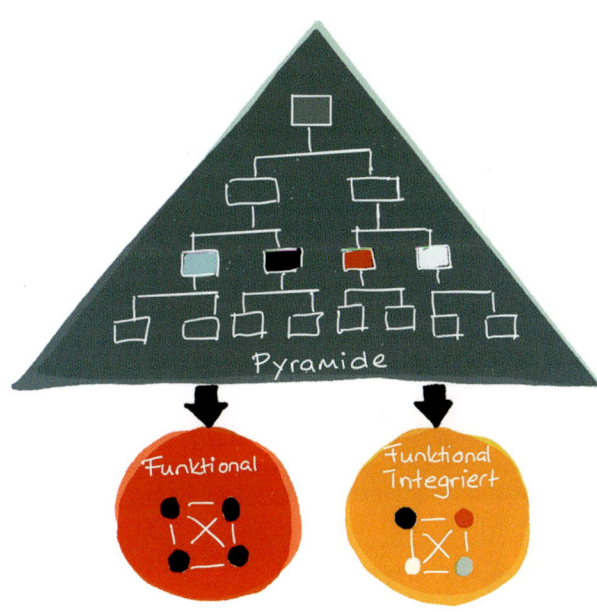

Abb. 2.23: Von der Pyramide zum Kreis

In einem solchen Organigramm kommen also Kunden und Wettbewerber erst gar nicht vor.

Richtet man die Organisation entlang der Wertschöpfungsflüsse aus, entstehen funktionale und funktional

Idee und Struktur

Einleitung

Business-Design-Rad

Ecosystem und Network

Fallstudien

Ausblick

Stichwortregister

Autorin

Beitragsautoren

Danksagung

integrierte Teams: Die Organisation in agilen Unternehmen würde wahrscheinlich wie in Abbildung 2.24 aussehen.

Teams sind funktional organisiert: Alles was für die Geschäftstätigkeit gebraucht wird, ist in der Zelle vorhanden. Die Zelle trifft alle für das Tagesgeschäft nötigen Ent-

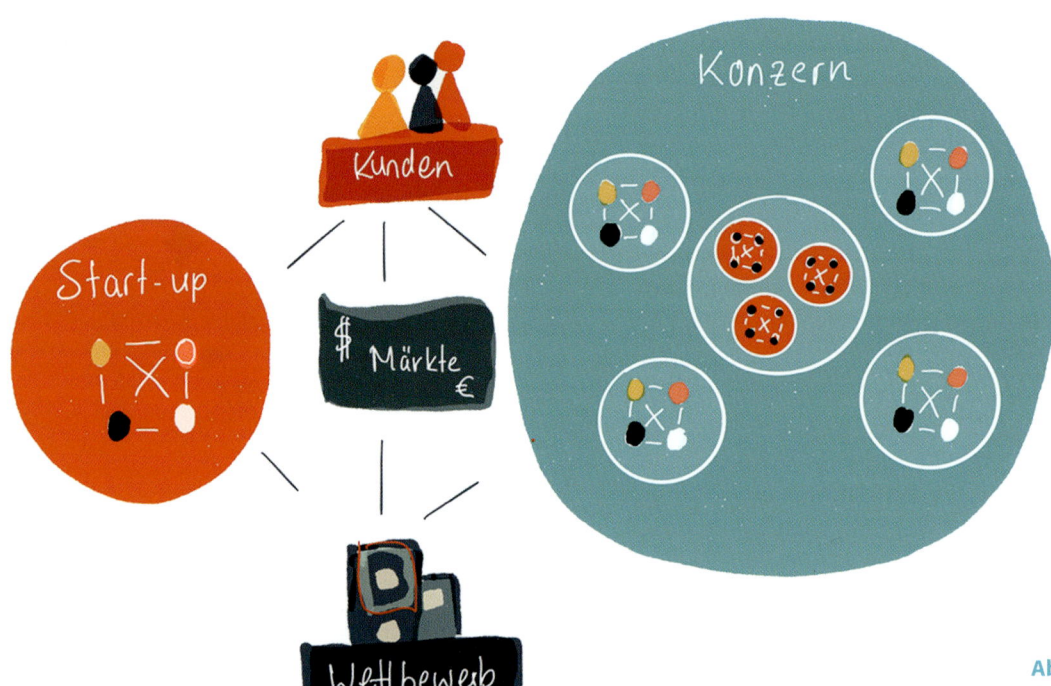

Abb. 2.24: Die agile Organisation

scheidungen eigenverantwortlich und selbstorganisiert – und organisiert sich selbst: alle Abläufe, alle Prozesse, eben alles rund um die Arbeit und natürlich die Arbeit selbst.

Die Zellen haben direkten Kontakt mit dem »Markt«, also mit Kunden und Konkurrenten. Verändert sich etwas, kann schnell reagiert werden. Hier »steuern« also der Markt, die Kunden und die Aktivitäten der Wettbewerber die Organisation, nicht das Zentrum.

Werden für die Geschäftstätigkeit Informationen oder Unterstützung benötigt, sei es vom Controlling, der IT, dem Einkauf oder dem Personalbereich, werden diese angefordert. Die sogenannten Info- oder Orgashops können Empfehlungen aussprechen, die Entscheidung obliegt aber den Zellen.

Wenn das Tagesgeschäft also von den Zellen erledigt wird, was genau machen dann Geschäftsführer und Eigentümer? Ganz einfach: Sie haben das große Ganze im Blick und stellen sicher, dass die Organisation genügend neue Impulse von außen bekommen kann, um anschlussfähig zu bleiben und auf mittel- bis langfristige Veränderungen adäquat reagieren zu können. Dabei unterstützen sie die Organisation bei ihrer Selbstorganisation. Letztendlich bestimmen sie, was zum Geschäftsmodell passt und was nicht und somit ganz grundsätzlich den Kurs des Unternehmens.

Die Erfolgsformel für agile Transformation lautet: *Dringlichkeit × Vision × Know-how × Mindset = erfolgreiche Transformation*

Vermitteln Sie Dringlichkeit!

Die Digitale Revolution ist in vollem Gange. Kodak, Quelle, Schlecker und Nokia sind bereits vom Markt verschwunden bzw. an den Rand gedrängt worden. Einige Handelsunternehmen werden in der bisherigen Form nicht mehr lange bestehen. Die deutsche Automobilindustrie hat Probleme mit der Elektromobilität. Airbnb macht den Hotels zu schaffen und die Taxibranche konnte sich vor Uber gerade noch per Gesetz retten. Die Frage ist: Wie lange noch? Selbst jahrzehntelang erfolgreiche Geschäftsmodelle können in kürzester Zeit obsolet werden. Warum sollte Ihr Geschäftsmodell nicht auch davon betroffen sein?

Die Digitale Revolution verändert die Landschaft nicht wie die Eisenbahn im 19. Jahrhundert. Sie ist auch nicht laut und verpestet die Luft nicht wie die ersten Fabriken und Stahlwerke. Sie ist leiser, schneller und unauffälliger als die Industrielle Revolution es war. Deshalb wird sie von vielen unterschätzt! Sorgen Sie dafür, dass dies den Mitarbeitern bewusst ist und auch, dass jede Veränderung immer gleichzeitig neue Möglichkeiten eröffnet!

Idee und
Struktur

Einleitung

Business-
Design-Rad

Ecosystem
und Network

Fallstudien

Ausblick

Stichwort-
register

Autorin

Beitrags-
autoren

Danksagung

Vision: Wofür noch einmal genau?

Wofür sollte es sich denn lohnen, lieb gewonnene Pfade zu verlassen und das bisherige Denken und Handeln zu hinterfragen? Zumal es gerade jetzt doch boomt und viele Unternehmen gute Gewinne erzielen. Und vielleicht trifft es uns ja doch nicht? Und was wäre denn die Alternative? Schaffen Sie ein erstrebenswertes Bild von der Zukunft der Arbeit, in der

- nicht mehr zwischen Freizeit und Arbeitszeit unterschieden werden muss, sondern es um die sinnvolle Nutzung von Lebenszeit und die Vereinbarkeit von Familie und Beruf geht,
- betriebliches Gesundheitsmanagement obsolet ist,
- jeder seine individuellen Talente entfalten und zur eigenen Lebensgestaltung nutzen kann,
- Arbeit wieder Spaß macht.

Sprechen Sie die Bedürfnisse der Menschen an: Einfachheit, Autonomie, Gestaltungsfreiheit, Sicherheit, Akzeptanz etc. Damit schaffen Sie einen persönlichen Bezug zur agilen Transformation und erzeugen Motivation und Engagement. Und es muss niemand mehr in irgendwelche Boote geholt werden, die Mitarbeiter werden freiwillig in die Boote steigen wollen!

Know-how: Agil, aber wie?

Ganz einfach: Hören Sie auf zu managen! Damit wären Sie von 0 % schon bei 50 % Agilität. Der Rest ist Know-how: Welchen Gesetzmäßigkeiten folgen Teams, wenn sie sich plötzlich selbst organisieren sollen? Wie geht man als Führungskraft mit Konflikten um? Welche Alternativen gibt es zu Budgetierung und Messung von Einzelleistung? Was versteht man unter Konsultativem Einzelentscheid, Soziokratischem Konsens oder Systemischem Konsensieren? Wann wendet man welches dieser Entscheidungsverfahren an? Warum lässt sich Unternehmenskultur nicht direkt verändern und wo kann man dennoch ansetzen? Was ist der Unterschied zwischen Arbeit am und Arbeit im System? Warum kann Agile Transformation nicht als Roll-out gemäß dem Wasserfallmodell funktionieren? Und wie geht Roll-in? Wer lebenslanges Lernen bei seinen Mitarbeitern fordert, sollte bei sich keine Ausnahme machen.

Prinzipien – wichtiger Teil des Know-how

Wenn es um Digitalisierung und Agilität geht, denken die meisten an Tools und Methoden. Wenige haben sich mit den dahinterliegenden Prinzipien beschäftigt, ohne die eine erfolgreiche Einführung von Kanban, Scrum, Design Thinking und Co. gar nicht möglich ist. Hier einige Grundprinzipien, nach denen in agilen Organisationen gearbeitet wird:

- Alle sind verantwortlich – immer.

  Wer Verantwortung zerteilt, Arbeitsprozesse und Leistungserbringung funktional zergliedert, zerstört den Zusammenhang der Wertschöpfung, also der eigentlichen Arbeit. Das ist Management.

  Die Alternative: Dezentrale Netzwerke aus ergebnisverantwortlichen, funktional integrierten Zellen (Teams). Das ist agil.

- Der Markt steuert.

  Wer Mitarbeiter auf Hierarchie und Machtbeziehungen ausrichtet, erntet Bürokratie, Passivität und innere Kündigung. Das ist Management.

  Die Alternative: Mitarbeiter auf den Markt und die Kunden ausrichten. Das macht Sinn. Das ist agil.

- Führung heißt Räume öffnen.

  Wer versucht, Mitarbeiter gezielt zu steuern und bis ins Detail Anweisungen und Vorschriften zur Leistungserbringung ausgibt, wird täglich mit den eigenen Grenzen konfrontiert: Absprachen werden nicht eingehalten, Regeln und Vorschriften umgangen. Mitarbeiter machen Dienst nach Plan. Das ist Management.

  Die Alternative: Teams und Mitarbeitern Freiheit und Raum zum Handeln geben. Regeln entstehen im Prozess durch die Beteiligten. Verbindlichkeit durch Akzeptanz. Das generiert Identifikation und Engagement. Das ist agil.

- Zielorientiert selbstorganisiert

  Wer Leistung an der Erfüllung von Plänen, dem Erreichen fixierter, selbst gesteckter Ziele und der Einhaltung von Regeln und Vorschriften bemisst, erschafft Bürokratie und Selbstverwaltung, also Arbeit ohne Wertschöpfung. Das ist Management.

  Die Alternative: Allen Mitarbeitern wird ermöglicht, selbstverantwortlich zu denken und zu handeln. Der Kunde gibt vor, was zu tun ist. Jeder Mitarbeiter ist verantwortlich für die Umsetzung und das Ergebnis. Das ist Selbstorganisation. Das ist agil.

- Transparenz

  Wer Zugang zu Informationen begrenzt, schafft Macht bei Informierten und Ohnmacht bei Nicht-Informierten. Dadurch wird die Handlungskompetenz der Mitarbeiter eingeschränkt. Informationsmacht dient nie dem Gemeinwohl und somit niemals dem Unternehmen. Das ist Management.

  Die Alternative: Alle Informationen sind für die Mitarbeiter schnell und einfach zugänglich. Nur wer Informationen hat, kann Entscheidungen treffen. Mitarbeiter werden zu Mit-Unternehmern. Das ist agil.

Idee und
Struktur

Einleitung

Business-
Design-Rad

Ecosystem
und Network

Fallstudien

Ausblick

Stichwort-
register

Autorin

Beitrags-
autoren

Danksagung

- Relative Ziele

  Wer willkürlich fixierte Ziele als Vorgaben zur Steuerung seiner Mitarbeiter missbraucht, dabei die generelle Komplexität von Leistungsmessung ignoriert, misstraut dem Leistungswillen seiner Mitarbeiter und zwingt sie, sich mehr der Manipulation von Zahlen zu widmen, als sich auf die eigentliche Arbeit zu konzentrieren. Das ist Management.

  Die Alternative: Wenige, einfache, langfristige, hoch gesteckte, sich selbst aktualisierende, also flexible Ziele. Immer in Verbindung mit dem Markt, dem Wettbewerb, vergleichbaren Zellen, also in Relation zu einem sinnvollen Maßstab, eben relativ. Im Ist-Ist-Vergleich zur Orientierung und Selbstkontrolle. Niemals als Anreiz oder zur Fremdkontrolle. Das ist agil.

- Vorbereitung statt Planung

  Wer langfristig im Voraus plant, ignoriert die Unvorhersehbarkeit von Zukunft und die Erkenntnisse der Systemtheorie. Genauso wie die Dynamik komplexer Systeme. Es wird wichtiger, Dinge richtig zu tun – in diesem Fall Pläne – anstatt die richtigen Dinge zu tun – also flexibel auf Veränderung zu reagieren. Das ist Management.

  Die Alternative: Zukunft ist nicht planbar. Also müssen wir darauf vorbereitet sein, in direktem Kontakt mit den Kunden und dem Markt, flexibel auf Veränderung zu reagieren. Wir müssen lernen zuzuhören, mit Unsicherheit umzugehen und Alternativen zum spätest möglichen Zeitpunkt zu wählen. Das ist agil.

- Jeder muss entscheiden.

  Wer Zuständigkeiten verwaltet, Verantwortung und Entscheidungsbefugnis zentralisiert – also von der eigentlichen Arbeit trennt, der trennt Denken und Handeln voneinander und entkoppelt das Unternehmen vom Markt und seinen Kunden.

  Statistisch treffen einzelne Manager nicht weniger Fehlentscheidungen als deren Mitarbeiter. Entscheidungsmacht sollte trotzdem von den Betroffenen getrennt werden. Das ist Management.

  Die Alternative: Entscheiden ist unternehmerisch – und somit risikobehaftet. Intuition ist natürlicher Bestandteil von Entscheidungen und eine wichtige Ressource. Jeder im Unternehmen wird für Entscheidungen bezahlt. Und jeder entscheidet. Unter konsequenter Anwendung der Werte und Prinzipien des Unternehmens. Eigenverantwortlich und konsultativ. Das ist agil.

- Qualität betrifft alle, jederzeit.

  Wer Prozesse bis ins Detail plant, ISO-Zertifizierung einführt, unternehmensweite Standards schafft, all das entwickelt und die Einhaltung kontrolliert, verwaltet sich selbst. Abgekoppelt von Wertschöpfung dafür mit hohem Engagementverlust bei den Mitarbeitern. Das ist Management.

Die Alternative: Teams erschaffen Standards selbst, wo diese zweckdienlich sind. Prozesse sind übersichtlich und passen sich flexibel den Anforderungen an. Mitarbeiter achten engagiert auf Qualität bereits innerhalb der Wertschöpfungsflüsse – nicht erst am Ende. Das ist agil.

- Mindset und persönliche Reife

Der am schwersten zu beschreibende Faktor. Was hilft, das notwendige Mindset zu entwickeln? Eine systemisch konstruktivistische Coachingausbildung beispielsweise. Zumindest bestätigen das Führungskräfte, die sich in diesem Bereich weitergebildet haben oder eher weiterentwickelt haben. Der Wille und die Fähigkeit zur Selbstreflexion, verbunden mit der

Erkenntnis, so gut wie nichts wirklich unter Kontrolle zu haben. Neugier und Offenheit für alles, was anders ist und anders denkt. Das permanente Hinterfragen der Prinzipien und Annahmen, die hinter unserem Denken und Handeln stehen. Und die Beschäftigung mit Philosophie, Soziologie und Systemtheorie, um auch ein paar wissenschaftliche Disziplinen ins Feld zu führen. Nicht zuletzt Respekt vor sich selbst, allen anderen Lebensformen und dem Bewusstsein der eigenen Endlichkeit. Die Liste ließe sich fortsetzen …

Agil transformiert – und dann?

Agilität ist ein Status quo, aber kein stabiler Zustand, in den ein Organisationsmodell überführt wird um dann längere Zeit – bis zum nächsten Change – darin zu verharren. Vielmehr ist es ein permanenter Anpassungsprozess an die Herausforderungen, denen Organisationen heute und zukünftig tagtäglich gegenüberstehen. Das alleine

Abb. 2.25: Change-Management-Prozess by Wasserfall

erklärt schon, weshalb Change-Management-Prozess by Wasserfall nach dem in Abbildung 2.25 dargestellten Muster für Unternehmen heute nicht mehr funktionieren kann und auch in der Vergangenheit nicht immer funktioniert hat.

Fazit

Die reinste Form des Wahnsinns ist es, alles beim Alten zu lassen und gleichzeitig zu hoffen, dass sich etwas ändert.
Albert Einstein

Oder:

Wer an der formalhierarchischen, pyramidalen Organisationsform der Unternehmen festhält und hofft, allein durch Scrum, Design Thinking, Kanban und ähnliche Tools Agilität zu erreichen, muss verrückt sein.
Thorsten Wolf

2.5.3 Design of Leadership

Dominique Stroh

Gibt es einen Code, mit dessen Hilfe man eine richtige Führungskraft wird? Gibt es überhaupt eine richtige Führungskraft? Und wenn ja – wie können auch Sie eine solche werden?

Nun, wenn es eine Formel dafür gäbe, wäre der Erfinder womöglich sehr reich und auch derjenige, der diesen Code anwendet. Im Folgenden geht es darum, wie Sie mit der richtigen Einstellung und den passenden Methoden eine Vorstellung davon bekommen, was eine sehr gute Führungskraft ist.

Denken wir an die Vergangenheit. Vor gut 100 Jahren war der Mensch gleichzusetzen mit einer Maschine, denken Sie nur an den Film mit Charlie Chaplin »Moderne Times« und den Vergleich seiner Arbeitskraft mit dem Fließband, nicht zu vergessen seine Schwierigkeiten damit.

Eigenartig – es scheint als wiederhole sich die Zeit – nur nehmen heute immer mehr Maschinen den Arbeitsplatz des Menschen ein. Allerdings gibt es einen gewaltigen Unterschied: Die Stellung des Menschen! Hierarchische Gebilde lösen sich auf, die Vorstellung von Führung verändert die kommenden Generationen, die sich gerne selbst einbringen. In der sogenannten Wissensgesellschaft steht die Kopfarbeit im Fokus. Selbstdenkende Mitarbeiter sind gefordert. Wer hätte das gedacht, gibt es doch nach McGregor zumindest einen Menschenschlag, der doch eher faul und unmotiviert ist. Jahre später stellt sich heraus, dass eigentlich jeder Mitarbeiter zu Beginn seines Berufslebens engagiert ist. Weshalb diese Motivation mit den Jahren verloren geht – in den meisten Fällen vermutlich aufgrund von nicht ausreichenden Führungsqualitäten der Führungskräfte.

Stellen Sie sich an dieser Stelle nun die Frage: »Bin ich ein schlechter Chef?«, dann geht es in diesem Kapitel weniger um die eventuell positive Antwort darauf, sondern vielmehr darum, ob die Selbstreflexion Ihnen dabei hilft, ein gute bzw. richtige Führungskraft zu werden.

Die Antworten auf die folgenden fünf wichtigen Fragen, helfen Ihnen dabei, ein »agiler Leader« zu werden. Nehmen Sie sich Zeit und gehen Sie diesen Fragen auf den Grund:

1. Weshalb sind Sie Führungskraft geworden?
2. Was motiviert Sie an dieser Aufgabe?
3. Welche Stärken bringen Sie für diese Rolle mit?
4. Was fällt Ihnen in dieser Rolle besonders schwer?
5. Wie würde Ihre Rolle aussehen, wenn Sie sich neu erfinden könnten? Oder gar Ihren Job?

Wieso helfen Ihnen diese Fragen? – Viele Führungskräfte sind unglaublich gute Fachkräfte, dadurch und durch ihre Erfahrung wurden Sie in der Regel Führungskräfte. Nur wenige habe sich damit beschäftigt, wie wichtig die innere Einstellung ist, um sich von einem 08/15-Chef zu einer guten Führungskraft zu entwickeln. Ein wirkliches Dilemma, denn wenn mehr Mitarbeiter mit ihrem direkten Vorgesetzten zufrieden wären, würden sie mehr leisten und hätten tatsächlich Spaß an ihrer Arbeit.

In der heutigen Zeit ist das ein echter Karrierekiller, gegebenenfalls sogar der Untergang für das ganze Unternehmen. Wer keine ideenreichen Innovationen mit seinem Team auf die Beine stellt, wird von Wettbewerbern abgehängt. Schade, wenn Sie nicht auch auf der Überholspur sind – und das nur wegen Ihrer Einstellung!

Worum geht es in der Zukunft? Vor allem welche Rolle möchten Sie zukünftig besetzen, die des Gestalters oder des Zuschauers? Wir nehmen einmal an, Sie sind Gestalter. Sie wollen nicht nur eine gute Führungskraft sein, sondern den agilen Leadership-Code verstehen. Vier Stufen unterstützen Ihr Denken und Handeln, Ihren Werdegang zu einer modernen Führungskraft. Wir sehen uns diese im Folgenden näher an.

Der agile Leadership-Code beinhaltet Umdenken, Querdenken und Andersmachen. Es geht darum, sich

Idee und Struktur

Einleitung

Business-Design-Rad

Ecosystem und Network

Fallstudien

Ausblick

Stichwortregister

Autorin

Beitragsautoren

Danksagung

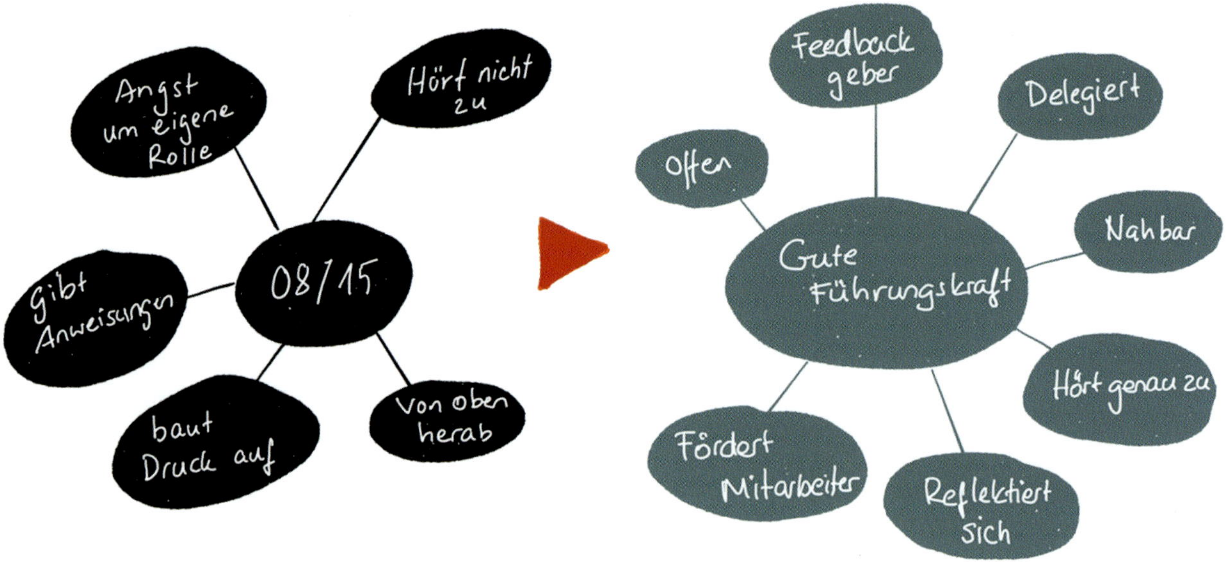

Abb. 2.26: Der erste Schritt in Richtung gute Führung

selbst mehr zu hinterfragen, sich nicht länger in der Rolle der vielleicht sogar schon guten Führungskraft zu sehen. Sie entfernen sich vielmehr von der Vorstellung, Chef zu sein, hin zu der angestrebten Aufgabe – nämlich die des Coachs. Es geht nämlich nicht um die Rolle, die Sie innehaben, es geht vielmehr um die Aufgabe. Und diese

besteht aus einer ganz großen Herausforderung. Sie tragen die Verantwortung dafür, dass jeder einzelne Mitarbeiter in seinem beruflichen Umfeld positiv geprägt wird und helfen ihm bei seiner beruflichen Entwicklung. Sie schaffen Persönlichkeiten. Sie sorgen dafür, dass diese Persönlichkeiten in einem Team stärkenorientiert arbei-

1. ICH WEISS, DASS ICH NICHT WEISS

2. ICH SORGE DAFÜR, DASS SICH MEINE MITARBEITER ENTWICKELN

3. ICH BILDE EIN EIGENSTÄNDIGES TEAM

4. ICH SCHAFFE DEN RAHMEN FÜR INNOVATION

Abb. 2.27: Vier Regeln für den erfolgreichen Wandel zum »agilen Leader«

ten. Daraus resultieren Erfolge sowie optimale Innovationen für Ihre Unternehmung.

Auf dem Weg von der Rolle hin zur Aufgabe gelten die in der Abbildung 2.27 aufgeführten vier Regeln. Wie können Sie diese Regeln umsetzen?

Ich weiß, dass ich nicht weiß

Viele 08/15-Chefs neigen dazu, es immer besser zu wissen. Das ist schade, denn sie verpassen die Chance von ihren Kollegen und Mitarbeitern zu lernen. Viel schlimmer ist aber die Tatsache, dass sie ihren Mitarbeitern eigene Wege verwehren und von oben herab genau beschreiben, was sie erwarten, und wie dieses umgesetzt werden soll. Eine gute Führungskraft delegiert, sieht sich als Berater und unterstützt. Zudem ist sie oft der Ansicht, dass die selbst gemachte Erfahrung der Königsweg ist.

Nun kommen wir zu Ihrer neuen Aufgabe. Sie werden in Zukunft neue Wege gehen. Sie wachsen an Ihrem Nichtwissen und dem Wissen, nicht alles zu wissen. Mitarbeiter, besonders die vermeintlich unerfahrenen Kollegen gehen andere Wege, bringen neue Ideen und Gedanken ein. Seien Sie offen für ihre Herangehensweise. Arbeiten Sie zielorientiert und pflegen Sie den Austausch mit Ihren Mitarbeitern. Besprechen Sie Erfolge in einem Daily Meeting (= kurzes Meeting aus der Scrum-Methode, etwa 15 Minuten lang) mit allen Kollegen. Fördern Sie den Austausch, gehen Sie neue Wege und sorgen Sie für gemeinschaftliches Lernen und das bewusste Arbeiten an sich selbst.

Idee und Struktur

Einleitung

Business-Design-Rad

Ecosystem und Network

Fallstudien

Ausblick

Stichwortregister

Autorin

Beitragsautoren

Danksagung

Ich sorge dafür, dass sich meine Mitarbeiter entwickeln

Ein 08/15-Chef wird sich jetzt fragen, warum er einen Mitarbeiter entwickeln soll, das macht doch die Abteilung Human-Resources. »Mitarbeiter sollen gefälligst ihre Aufgaben erledigen.« Die gute Führungskraft versteht meist nach Reifegradmodellen, dass situatives Führen und damit einhergehend Coaching-Bedarf notwendig sind. Allerdings glaubt sie, die Entwicklung hängt von ihr ab.

Sie werden noch einen Schritt weitergehen. Überlegen Sie sich einmal, wann Sie am ehesten gelernt haben bzw. es bitter erkannt haben, was Sie besser machen können? – Ja genau, wenn Sie Fehler gemacht haben. Es ist oft das »Nicht-Gelingen«, das uns zu einer besseren und reiferen Persönlichkeit macht. Wie können Sie diesen Aspekt also nutzen?

In der agilen Welt finden regelmäßige Reviews statt, die sogenannte Retro. Wie im oben erwähnten Daily Meeting ist es sinnvoll, weitere agile Instrumente zu nutzen. In der Retrospektive findet ein regelmäßiger Austausch zwischen dem Team und seinem Coach statt – empfehlenswert ist ein zeitlicher Rahmen von vier Wochen. Es wird besprochen, was in den vergangenen vier Wochen besonders gut gelaufen ist. Jedoch müssen unbedingt auch Fehler erörtert werden, und das trauen sich viele Führungskräfte nicht! Was ist weshalb schiefgelaufen und ganz entscheidend – was lernen wir daraus? Auch andere Teammitglieder lernen mit oder können zur Lernkurve der anderen beitragen.

Ich bilde eigenständige Teams

Und da wären wir bei einem ganz wichtigen Punkt – Selbstorganisation. »Oh Gott« sagt nun der 08/15-Chef, »da tanzen die Mäuse auf dem Tisch.« Die gute Führungskraft ist etwas optimistischer, freut sich über die Erfolge, wenn sie nicht dabei ist, aber an Macht verlieren, gar den Status Führungskraft ... auf gar keinen Fall!

Aber wie handeln Sie? Sie schaffen agile Prozesse, indem Sie dafür sorgen, dass ihr Team eigenständig und auf ein Ziel hinarbeitet, sich reflektiert (vgl. Abbildung 2.28). Nutzen Sie hierfür das Gerüst von Scrum, besonders die Säulen der Methode helfen Ihnen.

Ich schaffe den Rahmen für Innovationen

»Innovation« schnaubt der 08/15-Chef sicherlich. Immerhin ist er der Retter und nicht seine Mitarbeiter, wenn nicht er, wer sonst macht wohl die besten Erfindungen. Die gute Führungskraft erweist sich als Treiber, indem sie versucht, ihre Mitarbeiter für die Ideensuche zu motivie-

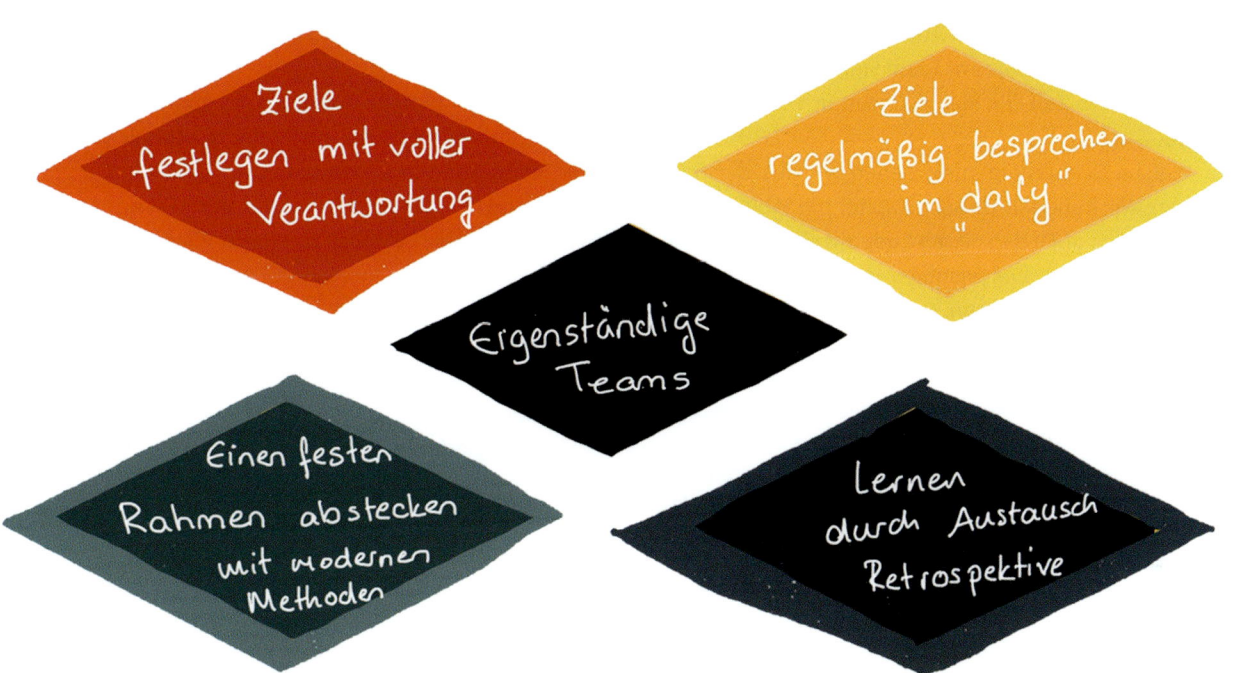

Abb. 2.28: Die vier Seiten eines agilen Teams

ren. Leider weiß sie noch nicht, wie wichtig Freiräume dafür sind.

Sie wissen sicher sofort, was zu tun ist! Die wichtigste Ressource sowohl beruflich als auch privat ist die Zeit. Viele Unternehmen arbeiten inzwischen nach dem Vorbild von Google. Mitarbeiter erhalten freie Zeit, um an eigenen Ideen zu arbeiten. Aber auch ohne feste Zeitvorgaben können Sie in Ihrem Team viel erreichen. Nehmen Sie sich öfters Zeit für kleine Oasen in Form von Kreativ-Meetings.

Welche Schlussfolgerung ziehen wir aus diesen vier Regeln? Wir haben in diesem Kapitel die Welt nicht neu erfunden und auch den neuen Code zur richtigen Führung nicht geschrieben. Viel wichtiger ist, dass Sie neue Wege nicht nur gedanklich gehen, sondern diese auch leben!

Quellen

Appelo, Jurgen (2016): Managing for Happiness: Games, Tools and Practices to Motivate Any Team, Hoboken.

Hofert, Svenja (2016): Agiler führen: Einfache Maßnahmen für bessere Teamarbeit, mehr Leistung und höhere Kreativität, Wiesbaden.

Laloux, Frederic (2015): Reinventing Organizations: Ein Leitfaden zur Gestaltung sinnstiftender Formen der Zusammenarbeit, München.

Nowotny, Valentin (2017): Agile Unternehmen – fokussiert, schnell, flexibel: Nur was sich bewegt, kann sich verbessern.

Robertson, Brian J. (2016): Holacracy – Ein revolutionäres Management-System für eine volatile Welt, München.

https://www.agil-werden.de

2.5.4 Zusammenfassung

Schnelllebige globale Märkte und digitale Disruption haben Unternehmen dazu veranlasst, schnell zu innovieren: Sie müssen ihre Produkte und Dienstleistungen an die Veränderungen anpassen und sind viel näher an den lokalen Kunden. Dies hat zu einem Wiederaufleben des Interesses an der Unternehmensorganisation und an Leadership geführt.

Die Erkenntnisse der Studie Global Human Capital Trends 2016 sind verblüffend: 92 Prozent der Unternehmen glauben, dass die Neugestaltung der Organisation sehr wichtig oder wichtig ist – das ist die Nr. 1 in der Rangliste der Befragten. Unternehmen dezentralisieren die Autorität, bewegen sich hin zu produkt- und kundenorientierten Organisationen und bilden dynamische Netzwerke hochqualifizierter Teams, die Aktivitäten in einzigartiger und leistungsfähiger Weise kommunizieren und koordinieren (vgl. McDowell u. a. 2016):

- Viele Unternehmen haben sich bereits von funktionalen Strukturen entfernt: Nur 38 Prozent aller Unternehmen und 24 Prozent der Großunternehmen (> 50.000 Mitarbeiter) sind heute funktional organisiert.
- Die Ansprüche der Millennials, die Vielfalt der glo-

balen Teams und die Notwendigkeit, zusammen mit den Kunden zu innovieren und eng zu kooperieren, führen zu einer neuen organisatorischen Flexibilität bei leistungsstarken Unternehmen. Sie betreiben ein Netzwerk von Teams oder Zellen neben traditionellen Strukturen, wobei die Menschen von Team zu Team wechseln und nicht in statischen formalen Konfigurationen verbleiben.

- Über 80 Prozent der Befragten berichten, dass sie entweder derzeit ihre Organisation umstrukturieren oder vor kurzem den Prozess abgeschlossen haben. Nur 7 Prozent sagen, sie haben keine Pläne zur Umstrukturierung.

Spannende neue digitale Werkzeuge in Kombination mit Business-Design-Management-Ansätzen machen auch routinemäßige HR-Aufgaben effizienter und einfacher und verbessern die Mitarbeitererfahrung. Eine australisch-neuseeländische Bankengruppe entwickelte eine einfach zu bedienende mobile App, die es den Mitarbeitern ermöglicht, ihre Zeit und ihre Anwesenheit, ihre Vorteile und ihren Urlaubsplan zu verwalten und auch mit Kollegen zusammenzuarbeiten. DuPont hat sein Online-HR-Portal komplett auf der Grundlage von Nutzererfahrungen umgestaltet, was die traditionellen HR-Management-Prozesse drastisch reduziert hat. Neben dem Rekrutieren, dem Lernen und anderen HR-Prozessen wurde das Design Thinking zur Verbesserung des Performance Managements und Coaching bei Unternehmen wie Adobe und Autodesk zu einem zentralen Faktor (vgl. McDowell u. a. 2016).

»Change« im täglichen Leben und »Change Management« im Unternehmen sind die Herausforderungen unserer Informationsgesellschaft. In diesem Kapitel wurde die Bedeutung der Agilität für Organisations- und Führungsfragen dargestellt. Am Schluss ist es der Mensch, der die Veränderungen annehmen und damit leben muss. Jeder Mensch ist einzigartig und geht entsprechend individuell mit den Veränderungen um. Die Unternehmen müssen diese Individualität in ihrer Personalarbeit berücksichtigen. Der Design-Thinking-Ansatz kann in der Human-Ressources-Abteilung insbesondere für eigene Mitarbeiter, Talents und Business-Design-Teams mit Gewinn eingesetzt werden.

Design Thinking kann hier durch überzeugende, angenehme und einfache Lösungen produktive und aussagekräftige Mitarbeitererfahrungen bzw. -erlebnisse schaffen. Zudem bietet die Methode ein Mittel, sich auf die persönliche Erfahrung sowie die Erlebnisse des Mitarbeiters zu konzentrieren und Prozesse zu schaffen, die

Idee und Struktur

Einleitung

Business-Design-Rad

Ecosystem und Network

Fallstudien

Ausblick

Stichwortregister

Autorin

Beitragsautoren

Danksagung

auf den Mitarbeiter zugeschnitten sind. Das Ergebnis: Neue Lösungen und Werkzeuge, die direkt zur Mitarbeiterzufriedenheit, Produktivitätssteigerung und zum Erfolg beitragen.

Quellen

Harari, Yuval (2013): Eine kurze Geschichte der Menschheit. München.

Laloux, Frederic (2016): Reinventing Organisations, München.

McDowell, Tiffany/Agarwal, Dimple/Miller, Don/Okamoto, Tsutomu/Page, Trevor (2016): The rise of teams, 29.02.2016.

Pfläging, Niels/Hermann, Silke (2015): Komplexithoden, München.

Simon, Fritz B. (2015): Einführung in die systemische Organisationstheorie, 5. Aufl., Heidelberg.

https://www.agile4work.de

http://augenhoehe-wege.de

https://dupress.deloitte.com/dup-us-en/focus/human-capital-trends/2016/employee-experience-management-design- thinking.html (16.07.2017)

https://intrinsify.me

https://www.nielspflaeging.com

2.6 Design of Core Value

In diesem Kapitel stellen wir die Ausarbeitung von innovativen Ideen zu einem tragfähigen Geschäftsmodell vor, also die Entwicklung einer Geschäftsmodellinovation.

Business Designer entwerfen neue Geschäftsmodelle für eine ausgewählte innovative Idee und verwenden dabei die hier dargestellten Tools und Ansätze mit dem Design-Thinking-Mindset.

Verschiedene Business-Design-Tools sind bereits einer breiten Managementszene bekannt, wie z. B. Customer-Journey, User-Journey, Business-Model-Canvas, Business-Model-Navigator und Lean Canvas. Dazu gibt es ausführliche Literatur und Bespiele in Managementzeitschriften. Deshalb werden wir uns hier auf das Core-Value-Design und das Digital-Business-Design konzentrieren und für sonstige Tools weiterführende Literatur und Links zur Verfügung stellen.

Warum ist Core-Value-Design wichtig?

Beim Business Design geht es nicht nur um innovative Produkte und Services sowie außergewöhnliche Kundenerlebnisse, sondern auch um neue Geschäftsmodelle. Nachdem die innovativen Produkte oder Services z. B. mit der Design-Thinking-Methode ermittelt werden, geht es

darum, wie man sie in einen Business Case umsetzen bzw. ein neues Business-Design-Modell erstellen kann. In seinem Buch »Kopf schlägt Kapital« spricht Professor Faltin in diesem Zusammenhang von »Entrepreneurial Design«. In einem Business-Design-Modell oder »Entrepreneurial Design« geht es in erster Linie um das Core-Value-Design, d. h. um die Unique-Selling-Proposition (USP), die man durch Innovationen den Kunden anbietet (vgl. Faltin 2008, S. 42). Zunächst suchen wir Antworten auf diese Fragen:

- Was ist besonders an meinen Produkten und meinen Services im Vergleich zur Konkurrenz?
- Warum kauft der Kunde meine Produkte und meine Services?
- Wie kann ich den durch die Innovation erzeugten Mehrwert für den Kunden ermitteln?

Dieser Mehrwert oder »Core Value« bildet den Kern des Kundennutzens. Durch die Verbesserung des Core Values liefern Unternehmern neue Produkte und Dienste, die für Kunden individuellen Nutzen generieren und damit wertvoll sind.

Zusammenfassend kann man sagen, dass Produkte und Dienstleistungen allein nicht entscheidend sind. Schließlich geht es hier nur um den Wert, den sie für den einzelnen Kunden darstellen. Um relevante Werte zu

Idee und Struktur

Einleitung

Business-Design-Rad

Ecosystem und Network

Fallstudien

Ausblick

Stichwortregister

Autorin

Beitragsautoren

Danksagung

schaffen, ist ein umfassendes Kundenverständnis Voraussetzung: Was bewegt die Kunden, wovon träumen sie, was wünschen sie sich? Ein Unternehmen oder Start-up, das für seine Kunden/User außergewöhnliche Werte schafft, wird selbst außergewöhnlich und erfolgreich.

2.6.1 Core-Value-Proposition-Rad

Core Value wird durch die systematische, kundenorientierte Gestaltung von Produkten und Dienstleistungen verbessert bzw. neu erstellt. Hierfür verwenden wir das Core-Value-Proposition-Rad – CVP-Rad (vgl. Abbildung 2.29), das sich an die Value-Proposition-Map von Alexander Osterwalder anlehnt. Im Fokus steht einerseits die Analyse der Kundenbedürfnisse (der rote Mittelkreis in der Abbildung) und andererseits der konkrete Kundennutzen (der gelbe Außenkreis in der Abbildung). Durch den konkreten Kundennutzen werden wiederum in der Regel ein höherer Absatz am Markt und Vorteile gegenüber Wettbewerbern gesichert.

Die beiden Grundlagen des Core-Value-Designs sind:
- Es basiert auf dem Prinzip des Human-Centered-Designs. Das bedeutet, dass die konkreten und individuellen Bedürfnisse der Kunden und User, ihr beruf-

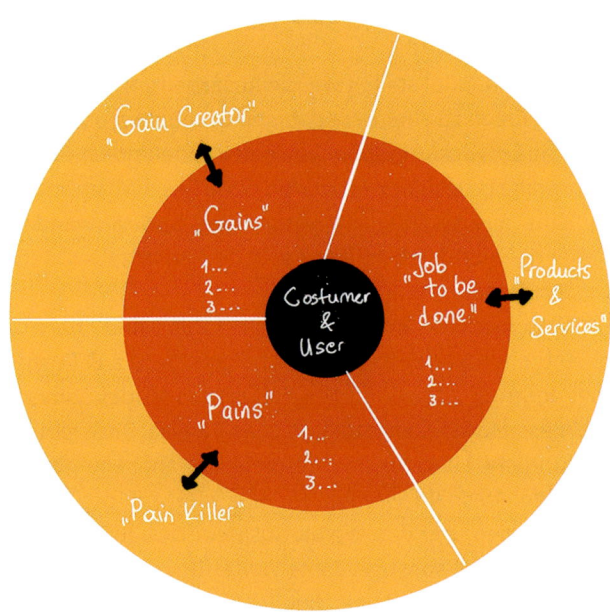

Abb. 2.29: Core-Value-Proposition-Rad (CVP-Rad)

licher und/oder persönlicher Kontext, aber auch der kulturelle Hintergrund im Mittelpunkt stehen.
- Zudem setzt Core-Value-Design Prinzipien des Design Thinking und des agilen Managements sinnvoll bei

der Entwicklung von Produkten und Services ein, um im direkten Kontakt mit den Kunden den Wertschöpfungsbeitrag von Beginn an optimal zu gestalten.

Core-Value-Design beginnt mit dem Bereich »Jobs-to-be-done«, in dem die Aufgaben, Ziele oder Bedürfnisse des Kunden oder Users in dessen Umfeld herausgefunden werden. Dabei stehen neben dem finanziellen und technischen Nutzen insbesondere auch emotionale und soziale Aspekte im Vordergrund, d.h. welches sind seine »Probleme« (Pains) bzw. sein Zusatznutzen (Gains). Anschließend werden dafür Lösungsansätze gesucht, mit denen Probleme behoben und neue zusätzliche Wünsche erfüllt werden. Am Ende wird ein Wertangebot in Form von Produkten und Services für die Kundenbedürfnisse entwickelt und vergrößert.

Tipps für Workshops

In die einzelnen Bereiche des CVP-Rads klebt das Team Post-its von innen nach außen mit Antworten auf folgende Fragen:

- »Jobs to be done« – Aufgaben/Ziele des Kunden: Was will der Kunde bewerkstelligen? Welche funktionalen, sozialen und emotionalen Aufgaben hat der Kunde? Welche Grundbedürfnisse des Kunden sollen befriedigt werden?

- »Pains« – Schmerzen/Probleme: Welche negativen Aspekte/Probleme hat der Kunde bei der Erledigung seiner Aufgaben, also während des »Jobs to be done«?
- »Gains« – Vorteile/Gewinne: Welche Vorteile (soziale Gewinne oder positive Emotionen) wünscht sich der Kunde? Was würde ihn noch positiv überraschen, glücklich machen?
- »Pain-Killer« – Schmerz/Problem-Vernichter: Womit und wie können die Produkte/Services Kundenschmerzen lindern? Welche Lösungen hat das Workshop-Team für die einzelnen Kundenprobleme?
- »Gain-Creator« – Kundenvorteile: Wie schaffen Sie Vorteile (positive Emotionen und Kosteneinsparungen), die der Kunde erwartet, wünscht?
- »Produkte und Services«: Das Team erstellt eine Liste aller Produkte und Dienstleistungen, die es zum Thema Core Value ausgearbeitet hat. Welche Produkte und Dienstleistungen helfen dem Kunden, entweder eine funktionale, soziale oder emotionale Arbeit zu erledigen oder seine Grundbedürfnisse zu befriedigen? Welche Nebenprodukte und Dienstleistungen helfen dem Kunden?

Bewertung der Bereiche des CVP-Rads

Sind alle drei Bereiche der Kundenanalyse des CVP-Rads mit Antworten befüllt, sortieren die Workshopteilnehmer diese nach Prioritäten von »sehr wichtig« bis zu »nice to have«. Entsprechend der Priorisierung – beginnend mit den wichtigsten – werden die Annahmen geprüft. Dafür

Idee und Struktur

Einleitung

Business-Design-Rad

Ecosystem und Network

Fallstudien

Ausblick

Stichwortregister

Autorin

Beitragsautoren

Danksagung

muss das Business-Design-Team mit Kunden/Usern in Kontakt treten und die Annahmen nacheinander prüfen. Danach kann die relevante Matching-Aufgabe beginnen.

Der Core Value, der relevante Mehrwert, wird Schritt für Schritt durch das Matching von Ergebnissen aus dem Innenkreis (der Kundenanalyse) mit dem Außenkreis (dem Nutzen) erreicht. Es wird ein Gesamtpaket von Produkten und Services erstellt, unter Verwendung des Design-Thinking-Ansatzes. Das visuelle und vereinfachende Tool »Core-Value-Proposition Rad« hilft, relevante Core Values herauszufinden, indem man den Prototyp immer wieder an echten Kunden testet und verbessert. Das ist eine iterative Vorgehensweise.

Die Ergebnisse des oben genannten Matchings arbeitet man in das Business Model (Geschäftsmodell) ein, passt sie immer wieder an und optimiert sie, bis ein tragfähiges Geschäftsmodell entsteht. Das Business-Model wird um den Core Value designed. Hierzu werden drei gängige, in der Praxis bewährte Methoden verwendet, die im Folgenden kurz erläutert werden:

- Business-Model-Canvas,
- Lean-Start-up-Canvas und
- Blue-Ocean-Strategie.

2.6.2 Geschäftsmodellinnovaton – Methoden

Business-Model-Canvas

Die Business-Model-Canvas (BMC) ist ein Instrument für die Visualisierung und Entwicklung von Geschäftsmodellen oder Start-up-Ideen. Zudem kann damit getestet werden, ob die Idee auch unternehmerisch funktionieren wird.

Einige Experten vertreten die Meinung, dass die Business-Model-Canvas den veralteten Business-Plan ersetzen kann. Entwickelt wurde diese Darstellungsform von Alexander Osterwalder und erstmals in seinem Buch »Business Model Generation« vorgestellt.

Die Business-Model-Canvas (vgl. Abbildung 2.30) beinhaltet folgende wichtige Informationen, die essenziell für den späteren Erfolg eines Geschäftsmodells oder einer Idee sind: Wertangebote, Kundensegmente, Kanäle, Kundenbeziehungen, Schlüsselaktivitäten, -ressourcen und -partner sowie die Kostenstruktur und Einnahmequellen.

Detaillierte Informationen zur Business-Model-Canvas und den dazu gehörenden Tools sowie der Software erhalten Sie unter www.strategyzer.com.

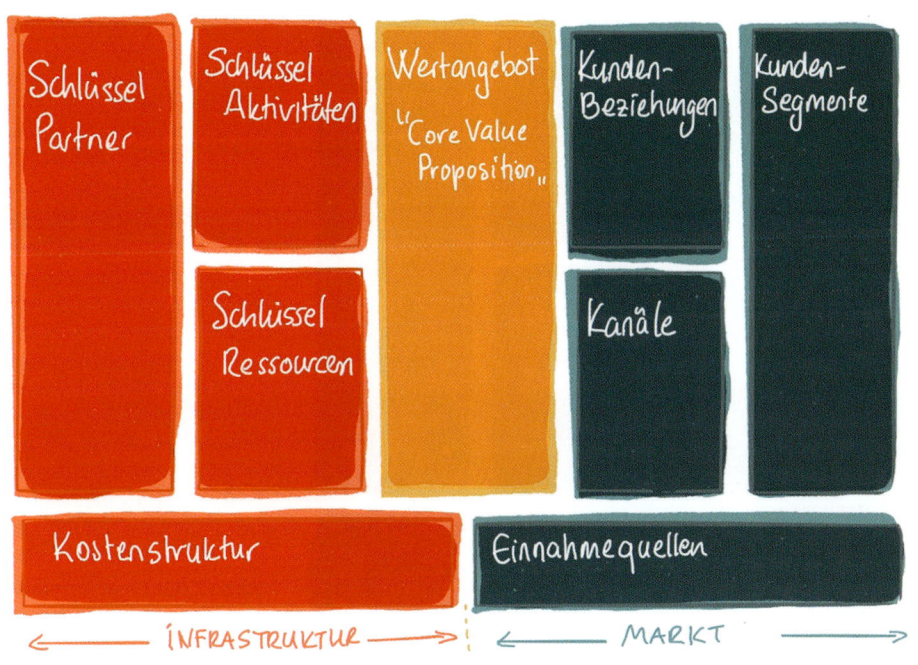

Schlüssel Partner

Schlüssel Aktivitäten

Schlüssel Ressourcen

Wertangebot „Core Value Proposition„

Kunden-Beziehungen

Kanäle

Kunden-Segmente

Kostenstruktur

Einnahmequellen

← INFRASTRUKTUR →   ← MARKT →

Abb. 2.30: Business-Model-Canvas in Anlehnung an Alexander Osterwalder

Idee und Struktur

Einleitung

Business-Design-Rad

Ecosystem und Network

Fallstudien

Ausblick

Stichwort-register

Autorin

Beitrags-autoren

Danksagung

Lean-Start-up-Canvas

Lean Canvas ist eine Adaption der Business-Model-Canvas, die Ash Maurya im Rahmen des Lean-Start-up-Mindsets (schnelle, präzise und effektive Start-ups) erstellt hat. Die Lean Canvas bietet ein umsetzbares und unternehmerorientiertes Business Design. Der Fokus liegt auf Problemen, Lösungen, Schlüsselkennzahlen und Wettbewerbsvorteilen. Die Struktur ist vergleichbar mit der der

Abb. 2.31: Lean Canvas – in Anlehnung an Ash Maurya

Business-Model-Canvas, jedoch wurden einige Elemente ausgetauscht (vgl. http://www.ashmaurya.com/2012/02/why-lean-canvas/).

Während das Konzept der Business-Model-Generation beispielsweise von Skype und Apple angewendet wurde, entwickelte Ash Maurya die Lean Canvas für Start-ups. Sie kann aber sowohl von kleinen und mittleren als auch von großen Unternehmen effektiv eingesetzt werden.

Die Lean Canvas ist schnell umsetzbar und auf Entrepreneure fokussiert. Sie konzentriert sich stark auf Startfaktoren wie Unsicherheit und Risiko. Ergänzend zu den Bereichen in der Business-Model-Canvas wurden weitere hinzugefügt:

- Problem: Es ist wichtig, das Problem zuerst zu verstehen. Unternehmen scheitern meistens am Problemverständnis und stellen dann das falsche Produkt her. Damit verschwenden sie finanzielle Ressourcen und viel Zeit.
- Lösung: Sobald das Problem erkannt wurde, wird im nächsten Schritt eine optimale Lösung gesucht. Deshalb wurde mit dem Minimum Viable Produkt (MVP) ein Lösungsbereich in das Konzept aufgenommen.
- Kennzahlen: Ein Start-up kann sich besser auf die individuell relevanten Kennzahlen konzentrieren, mit der der Erfolg der Lösung messbar wird und dann darauf aufbauen. Die Frage ist: Welche Kennzahlen sind für den Erfolg des Produkts bzw. die Lösung relevant? Es können rein monetäre Kennzahlen sein wie Umsatz oder Anzahl der Nutzer.
- Wettbewerbsvorteil: Ein Start-up sollte erkennen, ob es einen Vorteil hat, der ihn vor Konkurrenten schützt. Es sollte etwas sein, dass nicht einfach kopiert werden kann, z. B. SEO-Rankings, Patente oder exklusive Partnerverträge.

Einige Punkte der ursprünglichen Business-Model-Canvas hat Ash Maurya zwecks Vereinfachung weggelassen:

- Schlüsselaktivitäten und Schlüsselressourcen: Diese wurden bereits im Prozessablauf (Lösungsbereich) behandelt.
- Kundenbeziehungen: Ein gut funktionierender Start-up sollte von Anfang an Kundenbeziehungen aufbauen. Diese werden im Feld Kanäle behandelt.
- Schlüsselpartner: Ash Maurya entfernt diese Kategorie, weil die meisten Start-ups keine spezifischen Schlüsselpartner haben können, da sie sich mit unbekannten bzw. noch nicht getesteten Produkten befassen. Für sie wäre es eine Zeitverschwendung, solche Schlüsselpartner-Beziehungen aufzubauen.

Die Lean Canvas ist vor allem für Unternehmer und nicht für Kunden, Berater oder Investoren gedacht. Sie hat kein spezifisches Instrument für die Implementierung. In einem ersten Schritt kann die Lean Canvas eingesetzt werden und danach die Business-Model-Canvas oder auch beide gleichzeitig.

Detaillierte Informationen zur Lean Canvas und den entsprechenden Tools sowie der Software erhalten Sie unter www.canvanizer.com.

Idee und Struktur

Einleitung

Business-Design-Rad

Ecosystem und Network

Fallstudien

Ausblick

Stichwortregister

Autorin

Beitragsautoren

Danksagung

Blue-Ocean-Strategie

Das Konzept der Blue-Ocean-Strategie wurde von W. Chan Kim und Renée Mauborgne entwickelt und zunächst als Value Innovation (Nutzeninnovation) bezeichnet (vgl. https://www.blueoceanstrategy.com/book).

Der Grundgedanke der Blue-Ocean-Strategie ist, dass erfolgreiche Unternehmen sich nicht am Wettbewerb orientieren, sondern eigene innovative Wege suchen, um einen Blauen Ozean zu kreieren, in dem es keine Wettbewerber gibt.

Erfolgreiche Innovationen beruhen eher selten auf technologischen Neuerungen, sondern vielmehr auf einer neuartigen Gestaltung des Gesamtangebots. Darunter ist häufig eine Neudefinition des Marktes oder der Kundensegmente zu verstehen. Innovationen eröffnen neue Märkte und steigern deren Attraktivität durch bisher von der Konkurrenz nicht beachtete bzw. nicht geschätzte Markgegebenheiten. Zusammengefasst beinhaltet die Blue-Ocean-Strategie folgende Ziele:

- neue Märkte schaffen,
- der Konkurrenz ausweichen,
- neue Nachfrage generieren,
- die Relation zwischen Nutzen und Kosten erhöhen,
- strategische Ausrichtung auf Differenzierung und niedrige Kosten.

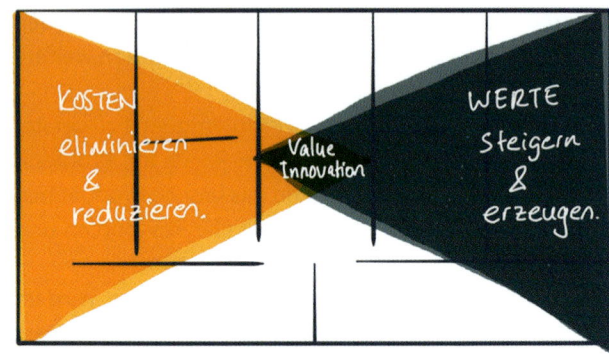

Abb. 2.32: Blue-Ocean-Strategie in Geschäftsmodellen – Darstellung auf der Business-Model-Canvas (vgl. Osterwalder 2011, S. 230-236)

Vorgehensweise

Mit der Blue-Ocean-Strategie können die neuen oder bestehenden Geschäftsmodelle mit Hilfe von vier Aktionsfeldern geprüft werden. Was eliminiert, was reduziert, was aufgestockt und was erzeugt werden muss, wird mit den Antworten auf die folgenden Fragen festgelegt:

- Welche Faktoren können Sie eliminieren, ohne langfristig Schaden zu nehmen?
- Welche Faktoren sollten unter den Branchendurchschnitt reduziert werden?

- Welche Faktoren sollten über den Branchendurchschnitt hinaus aufgestockt werden?
- Welche Faktoren sollten geschaffen werden, die in der Branche nie zuvor angeboten wurden?

Die Blue-Ocean-Strategie zielt darauf ab, Bedürfnisse von Kunden zu verstehen, die von der Konkurrenz bisher nicht bedient wurden, und auf dieser Basis profitable Geschäftsmodelle zu entwickeln. Somit wird die Konkurrenz irrelevant. Beispiele dafür sind: Skype, Cirque du Soleil, Gillete usw. (vgl. https://www.blueoceanstrategy.com/what-is-blue-ocean-strategy/).

Was ist noch wichtig?
Wie in allen Change-Prozessen ist der erste Schritt die Erkenntnis, was geändert werden muss und warum es geändert werden muss. Da sich Unternehmen heute kontinuierlich Veränderungen stellen müssen, sollten sie das Bestehende regelmäßig in Frage stellen.

Risiken entstehen, wenn nicht alle Bereiche des Business-Design-Rads berücksichtigt werden. Dann kann der Fall auftreten, dass die dargestellten Tools für das nachhaltige Business Design nicht zum gewünschten Erfolg führen. Die wesentlichen Risikofaktoren können durch die richtige Bewertung des Core Values reduziert und damit

die Nachhaltigkeit des Geschäftsmodells gesichert werden. Hierzu müssen aber die im Business-Design-Rad dargestellten Bereiche ganzheitlich berücksichtigt werden. Vor allem die Tests mit echten Kunden müssen immer wieder wiederholt werden. Die Ergebnisse der Tests müssen kontinuierlich in das Geschäftsmodell eingearbeitet werden. Um eine nachhaltige Wertschöpfung in den Märkten von morgen zu schaffen, sind in der Organisation im entsprechenden Ökosystem mit Netzwerken neben dem Core-Value-Design auch Design of People, Design of Process, Design of Place, Design of Culture sowie Design of Change wichtig.

2.6.3 Zusammenfassung

Heute sind die Anforderungen an Unternehmen durch die zunehmende Digitalisierung, Diversifikation und Produktoptimierung sehr anspruchsvoll. Die sich ständig verändernden Kundenbedürfnisse müssen erfüllt, die Kundenzufriedenheit gesteigert werden. Jedoch ist letztendlich der vom Kunden wahrgenommene und erwartete Nutzen (Core Value) entscheidend.

Für alle Unternehmen, einschließlich Start-ups, sind

Idee und Struktur

Einleitung

Business-Design-Rad

Ecosystem und Network

Fallstudien

Ausblick

Stichwortregister

Autorin

Beitragsautoren

Danksagung

die hier dargestellten Tools zur Herausarbeitung des Core Values im Business Design unerlässlich:

- Dringlichkeit einsehen, Problem erkennen und Kunden/User sowie Markt und Trends kennen,
- mit Design Thinking und agilen Managementansätzen arbeiten und eines der geeigneten Tools für das Core-Value-Design finden, z. B. Core-Value-Map (CVP), Business-Model-Canvas (BMC) und Lean Canvas, Blue-Ocean-Strategie,
- die kontinuierliche Weiterentwicklung des Geschäftsmodells im Auge behalten und das Business-Design-Rad am Laufen halten.

Quellen

Christensen, Clayton M. u. a. (2011): The Innovators Dilemma. Warum etablierte Unternehmen den Wettbeweb um bahnbrechende Innovationen verlieren, München.

Faltin, Günter (2008): Kopf schlägt Kapital, München.

Kim, W. Chan/Mauborgne, Renée (2016): Der Blaue Ozean als Strategie: Wie man neue Märkte schafft, wo es keine Konkurrenz gibt, München.

Maurya, Ash (2013): Running Lean: Das How-to für erfolgreiche Innovationen, Heidelberg.

Osterwalder, Alexander/Pigneur, Yves (2011): Business Model Generation, Frankfurt.

Osterwalder, Alexander u. a.(2015): Value Proposition Design, Weinheim.

Ries, Eric (2012): Lean Start-up: Schnell, risikolos und erfolgreich Unternehmen gründen, München.

http://www.ashmaurya.com/2012/02/why-lean-canvas/ (20.07.17).

https://www.blueoceanstrategy.com/book/ (20.07.17).

https://www.blueoceanstrategy.com/what-is-blue-ocean-strategy/ (20.07.2017)

www.canvanizer.com

www.strategyzer.com/vpd

3 Ecosystem und Network

Katrin Redmann

3.1 Rahmenbedingungen des Ökosystems für Innovation

Business Design bedeutet die Gestaltung von Business-Modellen mit Hilfe von Design und kreativen Methoden.

Design der Kultur und des Mindsets setzt eine sehr kreative, offene Grundhaltung und den Willen nach wirklicher Veränderung voraus. Die Basis ist das grundlegende Infragestellen aller bis dahin gültigen Werte, Regeln und Muster.

Doch woher können etablierte Unternehmen z. B. Impulse für Veränderung bekommen?

Gut geeignet sind Räume außerhalb des Unternehmens wie z. B. ein eigenes Ideenlabor oder Innovation-Hub in einem »coolen«, andersartigen Nicht-Bürogebäude. Das können z. B. alte Fabrikgebäude, Werkstätten oder ländliche Gebäude sein. Auch Locations wie Bergwerke oder Stollen, interessante Wassertürme, Mühlen oder Schlösser sind geeignet.

Die äußere Arbeitsumgebung hat einen großen Effekt auf die Ideen zu Change und Innovation.

Es ist besser, wenn diese organisatorischen Change-Teams in der linearen Struktur des Unternehmens nicht fest verankert sind. Daher gehen immer mehr Unternehmen dazu über, eigene Inhouse-Inkubatoren oder Acceleratoren zu gründen. Diese haben auch einen leichteren Zugang zum Ökosystem in der Nachbarschaft des Inkubators.

Der zweite entscheidende Faktor ist das Skillset der Mitarbeiter. Sie sollten interdisziplinäre Bildungshintergründe haben. Auch interkulturelle Teams sind ein großer Gewinn für die Andersartigkeit der Zusammenarbeit, Kreativität und damit der Ergebnisse. Die internationale Zusammensetzung und die Einflüsse aus anderen Kulturen sind ein Garant für wirkliche Innovation.

Interessant sind zudem Impulse aus anderen Bereichen wie z. B. Musik, Kunst und Design, um Vorgänge in einer Produktionskette oder in der Automobilindustrie darzustellen, in Frage zu stellen und zu verändern. »Diversity is the key« – die interessantesten Prototypen entstehen, sobald die Teilnehmer aus allen Altersklassen und aus komplett divergenten Erziehungs-, Bildungs- und

Idee und Struktur

Einleitung

Business-Design-Rad

Ecosystem und Network

Fallstudien

Ausblick

Stichwortregister

Autorin

Beitragsautoren

Danksagung

Kulturräumen kommen. Gerne mischen wir hier Fachexperten, Ingenieure und Spezialisten mit Schülern, Startups, Studenten, Professoren, Lehrern, Psychologen und Sozialpädagogen.

Neue Event- und Co-Working-Formate sind essenziell für neue Innovationsansätze und die Spiegelung der Ideen der Generation Z als zukünftige Zielgruppe und Abnehmer der Innovationen. Dazu zählen Hackathons, InnoJams, Slams. Willkürlich zusammengestellte Teams oder Personen, die sich erst vor Ort zu einer bestimmten thematischen »Challenge« zusammenfinden, lösen in einem Wettbewerb gemeinsam eine Herausforderung. In der finalen Runde werden dann in Kurzpräsentationen (Pitches) die Prototypen als Lösungen der einzelnen Challenges präsentiert.

Wie kann die innovative Basis für das Design des richtigen Mindsets geschaffen werden?

Sehr wichtig sind der offene Workspace, Zeit und Raum mit den richtigen, innovationswilligen Menschen. Auch in der Unternehmensstruktur sollte eine offene Innovationskultur vorhanden sein, damit die in Innovationsworkshops oder durch unternehmensinterne Innovationswettbewerbe kreierten Prototypen oder Ideen auch Eingang in die tatsächliche innovative Veränderung im Unternehmen finden.

Eine wertvolle Methode ist Design Thinking. Damit kann jedes Team in relativ überschaubarer Zeit jedes Problem lösen. Und damit kann jede Veränderung bewirkt werden. Durch die Iterationsmöglichkeiten zu jeder Phase des Design-Thinking-Zyklus kann auch jede Innovation durch Iterationen verbessert werden. Darauf wird in einem gesonderten Kapitel dieses Buches eingegangen.

Permanenter Lernwille, sich weiterentwickeln, neugierig sein und bleiben, das sind die elementaren Voraussetzungen für ein evolutionäres Mindset.

Goldene Regeln für ein Design-Thinking-Mindset
Beim Design-Thinking-Mindset gilt es Folgendes zu beachten:
- nie stehen bleiben,
- die Prototypen immer im Flow mit dem Team weiterentwickeln und
- immer wieder das 360-Grad-Feedback zu Zwischenergebnissen einholen, einarbeiten bzw. auch die Möglichkeit nutzen, zum Anfang der »Problemverstehen«-Phase zurückzugehen.

Arbeiten im Team

Es geht vor allem um die Einigung über die Erwartungshaltung zur Zusammenarbeit und der gewünschten Ergebnisse: Collaboration nicht co-operation (vgl. Leifer 2017).

When collaborating, people work together (co-labor) on a single shared goal.
Like an orchestra which follows a script everyone has agreed upon and each musician plays their part not for its own sake but to help make something bigger.

When cooperating, people perform together (co-operate) while working on selfish yet common goals.
The logic here is «If you help me I'll help you» and it allows for the spontaneous kind of participation that fuels peer-to-peer systems and distributed networks. If an orchestra is the sound of collaboration, then a drum circle is the sound of cooperation.

For centuries collaboration has powered most of our society's institutions.
This is true of everything from our schools to our governments where we have worked together through consensus to build systems of increasing complexity.

But today, cooperation is fuelling most of the disruptive innovations of our time.

In virtually every aspect of our culture, the old guard is being replaced by cooperative, self organizing, distributed systems.

Collectives collaborate.
Collectives are part of the machinery of the previous era. They give priority to the group over the individual and encourage members to adopt a joint identity that unites them around their shared goal.

Quelle: Collectives cooperate: http://cloudhead. headmine.net/post/3279118157/cooperation-vs-collaboration

Darüber hinaus sollten die Open-minded-Co-Worker in einem Design-Prozess auch bedingungslos bereit sein, die eigene Expertise und Erfahrung, das Know-how sowie Kontakte frei und bedingungslos mit dem Team zu teilen.

Teilen von Fehlern und Lernen aus Fehlern im Team: Ohne eine gesunde Fehlerkultur, in der die Teammitglieder ihre Fehler offen teilen, das Feedback der anderen im Team einbauen und daraus gemeinsam einen neuen Ansatz für den Prototyp gestalten, kommt das Team nur

Idee und Struktur

Einleitung

Business-Design-Rad

Ecosystem und Network

Fallstudien

Ausblick

Stichwortregister

Autorin

Beitragsautoren

Danksagung

sehr langsam voran und bewegt sich oft auf bekanntem Terrain. Durch Fehler-Pitches erhalten der Innovationsprozess sowie die Zusammenarbeit im Team eine neue Wendung und Dynamik. Die Zusammenarbeit im Team wird gestärkt und der Mut erhöht, etwas Neues, »Wildes« als Lösung vorzuschlagen.

3.2 Design of Network

3.2.1 Verschiedene Communities als Bestandteile des Netzwerks

Aus welchen Komponenten kann ich mein Netzwerk bauen? Dafür gibt es unterschiedliche Ansätze: den geplanten und den chaotischen, den auf eine einzelne Zielperson gerichteten und den, Gruppen für sich zu interessieren. Viele Menschen gehen hier systematisch vor. Sie überlegen sich sehr genau, wen sie weswegen sprechen wollen, wie sie an diese Person herantreten könnten und welche Vorteile sie für sich erreichen wollen.

Andere tummeln sich in verschiedenen Meet-ups und Communities, ohne konkrete Zielvorstellungen. Sie erreichen dadurch eine hohe Sichtbarkeit und scheinbar »zufällige« Kontakte. Diese Einzelgespräche führen dann (unter Umständen erst nach Jahren!) zu einem gemeinsamen Projekt oder Collaboration und dadurch zu gemeinsamer Wertschöpfung.

Weitere Ansätze sind thematisch fokussierte, halboffene oder geschlossene, exklusive (z. B. Rotary Club) Netzwerke.

Intrapreneur bei Corporate-Unternehmen (Corporates)

Ein Intrapreneur schafft Innovationen und ein neues Mindset bei sich und in seiner Unternehmensstruktur durch »Denken und Agieren« über den Tellerrand hinaus. Er oder sie können langjährige Mitarbeiter sein oder junge Talente mit gerade abgeschlossener Ausbildung. Die folgenden Beispiele schildern, was aus Intrapreneurtum entstehen kann. Intrapreneure sind Denker und Macher, die sich auch nach langer Unternehmenszugehörigkeit wendig und agil, neugierig und interessiert z. B. an den Ansätzen von Start-ups zeigen.

Incubators bei Corporates

- e-on:agile ist ein auf Initiative einer kleinen Gruppe von Mitarbeitern von e-on entstandener Accelerator (https://eon-agile.com). Zunächst wurde agile

Idee und
Struktur

Einleitung

Business-
Design-Rad

Ecosystem
und Network

Fallstudien

Ausblick

Stichwort-
register

Autorin

Beitrags-
autoren

Danksagung

Abb. 3.1: Von der opportu-
nistischen Kooperation zur
systematischen, projektbe-
zogenen Kooperation in ver-
trauensvoller Community

mit der Zielsetzung gestartet, Ideen im internen Innovationsmanagement zu filtern, zu bewerten und dann zu priorisieren. Daraus entstanden nach und nach durch Außensatelliten Start-ups und eine neue »entrepreneurial« d. h. unternehmerisch denkende Community. Heute agiert agile sowohl nach innen wie auch nach außen mit z. B. jährlichen Hackathons (SmartCities, September 2016 in Berlin während der langen Nacht der Start-ups).

• Innogy Spin-off aus RWE: Innogy (www.innogy.de)

verschreibt sich der europäischen Idee. Darüber hinaus plädiert das Spin-off von RWE für sauberen Strom aus erneuerbaren Energien wie z. B. Solar- und Windkraft. Durch die Ausgründung sollen u. a. auch neue, junge, umweltbewusste Zielgruppen angesprochen werden. Dadurch erweitert sich das mögliche Marktpotenzial für RWE. Zusätzlich ist eine Erweiterung der Produktpalette in einem »geschützten« Raum möglich. Auch das Netzwerk ändert sich, je nach Image der Firma, die es aufbaut.

Einige mittlere und größere Unternehmen haben inzwischen eigene Inkubatoren gegründet. SAP z. B. ist zu 50 % an innoWerft in Walldorf beteiligt. Hier werden vielversprechende Start-ups gecoacht, im Go-to-Market unterstützt und zur Kooperation an andere Investoren und Partner empfohlen.

Bedeutung der Start-ups

Start-ups zeigen eine enorme Dynamik am Markt. Neben Geschwindigkeit, Wendigkeit, Flexibilität stehen auch schnelle Entscheidungen und hochmotivierte Mitarbeiter im Vordergrund. Start-ups arbeiten häufig mit Crowdfunding und Crowdsourcing, d. h. sie besorgen sich Kapital am Markt und arbeiten eng mit Spezialisten anderer Start-ups bzw. selbstständigen Experten zusammen.

Bedeutung der Universitäten

Viele Universitäten und Hochschulen haben inzwischen Studentische Entrepreneurship-Institute oder Start-up-Vereine gegründet. Die Seite www.entrepreneurship.de sowie das jährliche Entrepreneurship Summit von Prof. Faltin (emeritiert von der Freien Universität Berlin) bieten Gründern Informationen und Lösungsansätze.

1985 brachte Günter Faltin das Thema »Entrepreneurship« aus Boston mit nach Deutschland (https://de. wikipedia.org/wiki/G%C3%BCnter_Faltin). Er bewies mit seiner 1999 gegründeten Teekampagne, dass mit Crowdfunding und Crowdsourcing in Kombination mit bestehenden Elementen einer Produktions- und Handelskette erfolgreiche neue Firmen und Win-Win-Situationen für die Kunden entstehen können (https://www. komponentenportal.de/news/eintrag/die-teekampagne).

An den Hochschulen werden auf diese Weise ganz unterschiedliche Initiativen entwickelt. Beispiele sind die Hochschulgruppe Entrepreneurship an der Hochschule Karlsruhe oder die START Konferenz, die jedes Jahr in St. Gallen an der HSG stattfindet. Viele Universitäten bieten auch Entrepreneurship-Vorlesungen oder Summer Schools an, wie z. B. der Studiengang Design- und Innovationsmanagement der Fresenius-Tochter Akademie für Mode und Design, der Global Entrepreneurship Summer School Kurs der LMU in München, der zur gleichen Zeit soziale, globale Start-up-Projekte in Shanghai, Mexico und München erarbeitet und in einem Wettbewerb prämiert.

So hat das KIT Karlsruhe das Institut enTechnon gegründet. Hier verbindet die Universität Technologiemanagement und Entrepreneurship (http://etm. entechnon.kit.edu/).

An vielen Universitäten weltweit sind in den letzten Jahren Start-up-Zentren oder Entrepreneurship-Institute entstanden. Sie werden entweder von Studentengruppen selbst organisiert oder von einzelnen Professoren initiiert. Darüber hinaus existieren Entrepreneurship-Dachorganisationen, die z. B. deutschlandweit die studentischen Aktivitäten bündeln.

In diesen Zentren finden regelmäßige Design-Thinking- oder Business-Model-Workshops statt. Gerne werden dafür auch Gastdozenten aus der Wirtschaft oder von Unternehmensberatungen oder Inkubatoren gewonnen.

Jährlich finden Veranstaltungen statt wie z. B. der Innovationstag in Karlsruhe am KIT mit Workshops, Vorträgen und Start-up-Pitches »Tech Pitches« (http://kit-gruender-schmiede.de/de/netzwerk/innovationstag/).

In Wien findet jährlich die Entrepreneurship Avenue (http://tinyurl.com/ydhgcs7z, eine Konferenz für Investoren, Lehrende, Wirtschaftsunternehmen, Start-ups und Studierende mit Pitches, Wettbewerben und Workshops für Design Thinking und Business-Model-Innovation statt.

Auch die Verzahnung von Wirtschaft, Lehre, Forschung und Start-ups wird immer intensiver. Viele Projektsemester arbeiten inzwischen an konkreten, reellen Challenges (Problemstellungen, Aufgaben) von Industrie oder Wirtschaftsunternehmen, um den Studierenden den Einstieg in die Praxis zu erleichtern.

Bedeutung von Vereinen

Die Wissensfabrik e. V. (www.wissensfabrik.de) ist eine Vereinigung von 130 deutschen großen und mittleren Unternehmen mit dem Ziel, IT im Schulunterricht sowie Universitäten/Studierende im Entrepreneurship zu unterstützen.

Hier werden in Zusammenarbeit mit Unternehmer-Tum (www.unternehmertum.de) aus München jährlich WECONOMY Pitch-Wettbewerbe in Kooperation mit dem Handelsblatt und dafür regelmäßige WECONOMY Start-up-Weekends organisiert, um die jungen Gründer in einem einjährigen Mentoring-Programm für die Endausscheidung und die Kontinuität ihres Start-ups zu unterstützen (www.weconomy.de).

Bedeutung von InnoJams und Hackathons

Einige Firmen veranstalten inzwischen eigene Inno-Jams oder Hackathons wie z.B: e-on (https://eon-agile.com/events/hackathon-coop-startup-night-edition.de), die Hackathons thematisch um Smart City, Smart Home und die Energieversorgung der Zukunft aufbauen, Postbank (http://hack.institute/events/post/bank/) mit

Idee und Struktur

Einleitung

Business-Design-Rad

Ecosystem und Network

Fallstudien

Ausblick

Stichwort-register

Autorin

Beitrags-autoren

Danksagung

einer ein Jahr andauernden Hackathon-Roadshow quer durch Deutschland, SAP mit InnoJams und Hackathons global auf vielen IT- und Technologiekonferenzen mit Tech-Coaches und SAP-Mentoren, die die Teilnehmer unterstützen. Herbert Burda Media hat inzwischen eine eigene Organisationseinheit gegründet, die sich auf Hackathons zu bestimmten Branchen oder Technologiethemen spezialisiert hat (http://burdahackday.de/nanohacks/).

Den Start eines jeden Hackathons bildet Design Thinking. Mit Hilfe dieser Methode gelingt das Eintauchen in jedes Thema mit jeder Gruppenzusammensetzung spielerisch mit Spaß und am Ende des Prozesses mit fundierten Prototypen!

Hier werden verstärkt die jungen Talente angesprochen, ihre Ideen zu einem übergreifenden Thema in einem Pitch-Wettbewerb am Ende des Hackathons zum Besten zu geben. Die jungen Hacker arbeiten begeistert meist mehrere Tage und Nächte. Es winken neben Preisgeldern oder Investitionen durch Venture Capitalists auch viel Erfahrung, gute Kontakte, weiterführendes Mentoring oder Go-to-Market-Unterstützung oder bei Nicht-Gründung eine interessante Stelle bei einem Arbeitgeber.

Seit einigen Jahren veranstalten IT-Unternehmen jährlich mehrere Programmierwettbewerbe oder Hackathons, um die jungen Talente auf sich aufmerksam zu machen und Innovation in die Entwicklung neuer Ideen zu bekommen. So führte z. B. VW während der CeBit 2016 eine drei Tage dauernde InnoJam mit über 100 Teilnehmern von Universitäten aus der ganzen Welt gemeinsam mit SAP durch (Marc Engelmann (http://tinyurl.com/ybagv85u).

Eine der bekanntesten Gründungen in der Hackerszene ist hackerstolz e. V.

Diese Plattform für Hackathons aus Mannheim startete vor ein paar Jahre mit drei Gründern und einer zündenden Idee (http://www.hackerstolz.de). Sie wird inzwischen u. a. von Berliner und Karlsruher Organisatoren wie eine Beratungs- und Organisationsagentur angefordert und beauftragt, Hackathons professionell durchzuführen. Viele Firmen organisieren darüber hinaus Digital Nights oder andere digitale Events für Studierende, Start-ups und Schüler. Das Ziel ist, den jungen Talenten die innovativen Seiten ihrer zukünftigen Arbeitgeber näher zu bringen.

3.2.2 Design your personal Network

Bedeutend für das Design eines Community getriebenen Business Models ist eine klare Vorstellung über die Value Proposition, die Zielgruppe und das Service-Portfolio des Unternehmens. Die Kontakte werden sich am Anfang ganz langsam erweitern, von einer Keimzelle zu einer doppelten Zelle, zu einer vierfachen Zelle wachsen, bis sie sich verselbstständigen und durch einen Pull-Effekt auch Anfragen, Tipps, Kontakte von den anderen Satelli-

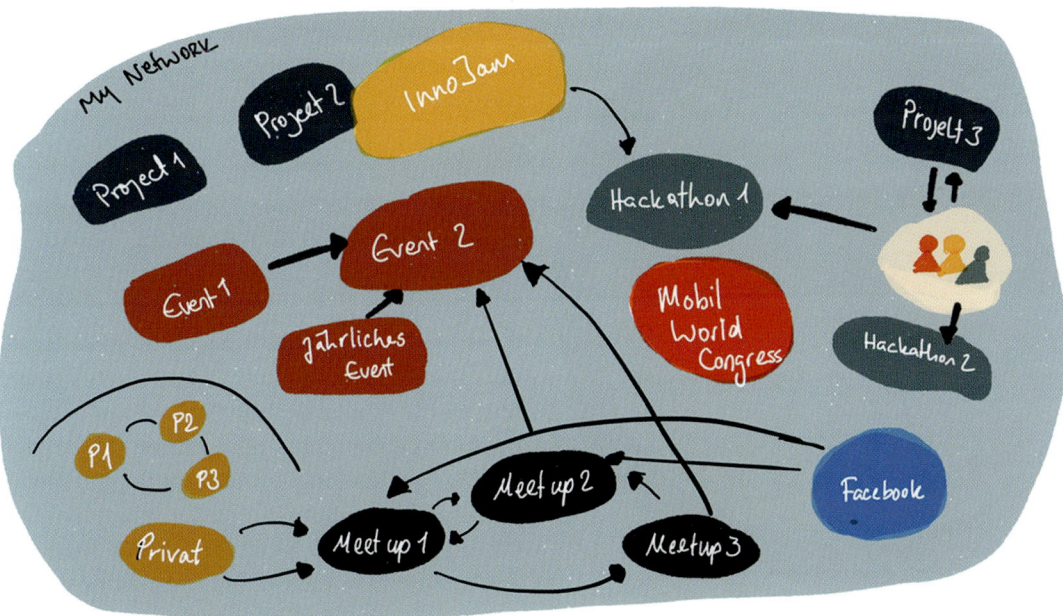

Abb. 3.2: Community Map – Road Map to Innovation

Idee und Struktur

Einleitung

Business-Design-Rad

Ecosystem und Network

Fallstudien

Ausblick

Stichwortregister

Autorin

Beitragsautoren

Danksagung

ten der gestarteten Community kommen. Netzwerke, die anfänglich scheinbar nichts miteinander zu tun haben, verzahnen sich so und bekommen eine ganz eigene Dynamik. Es entstehen aus losen Kontakten und Gesprächen plötzlich die ersten Projekte und Kooperationen. Der Initiator der Communities hat plötzlich das Gefühl, es wachse etwas (vgl. Abbildung 3.2).

Ähnlich wie beim Business-Design-Rad entsteht hier ein sich selbst antreibendes, sich kontinuierlich drehendes Business durch Communities (vgl. Abbildung 3.3).

Persönliche Communities bilden das Ökosystem durch Interaktion, Verzahnung und gemeinsame Projekte.

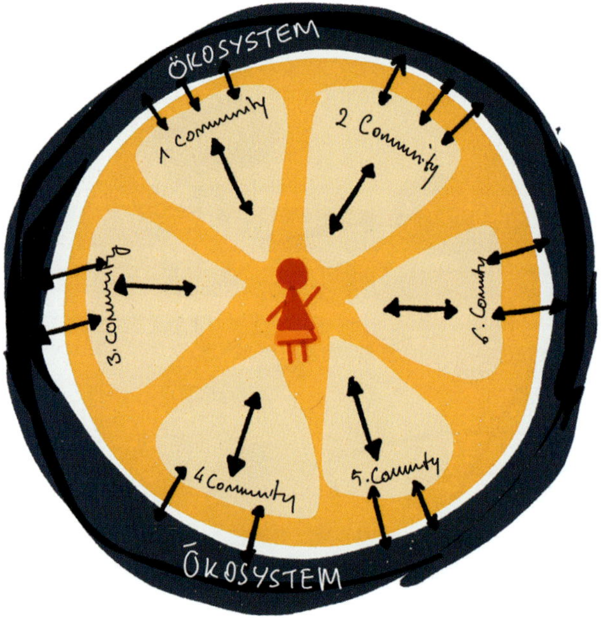

Abb. 3.3: Community-Rad

3.3 Zusammenfassung

Zusammenfassend lässt sich feststellen, dass wir uns in einer Phase der rasanten digitalen Veränderung befinden. Die althergebrachten, analytischen, linearen Denkansätze der Problemlösung sind nicht mehr die allein gültigen. Neue Methoden der innovativen Problemlösung wie Design Thinking zur Ideenfindung halten langsam Einzug in die Unternehmen. Zur Bewertung von Ideen, Prototypen und Projekten bietet sich Business Design genauso an wie zur Gründung eines neuen Unternehmens oder Etablierung eines neuen Geschäftszweigs in einem Unternehmen. Auch Start-ups kommen über kurz oder lang an den Punkt ihres Geschäfts, an dem sie skalieren oder globalisieren möchten. Auch dafür können die Methoden mit Gewinn genutzt werden.

Feedback, Ideen und Erfolgsstories können Sie gerne senden an: Katrinannet.redmann@gmail.com

Quellen

Engelmann, Marc: https://marcelengelmann.de/2016/03/27/predictive-maintenance-app-volkswagen-sap-innojam-cebit/ (24.07.2017).

Faltin, Günter: www.entrepreneurshipsummit.de (24.07.2017).

Leifer, Larry (2017): Zitat anlässlich der Eröffnung des Inno.space NextGen Lab (2017) an der Hochschule Mannheim, 29.06.2017.

Plattner, Hasso/Meinel, Christoph/Leifer, Larry (2018): »Design Thinking Research – Making Distinctions: Collaboration versus Cooperation« Berlin.

@monkwest MonkWest.com (24.07.2017).

www.agile.com (24.07.2017).

http://burdahackday.de/nanohacks/ (24.07.2017).

http://cloudhead.headmine.net/post/3279118157/cooperation-vs-collaboration

https://www.entrepreneurship.de/ (24.07.2017).

https://eon-agile.com/events/hackathon-coop-startup-night-edition.de (24.07.2017).

http://etm.entechnon.kit.edu/ (24.07.2017).

http://www.hackerstolz.de/ (24.07.2017).

http://hack.institute/events/post/bank/ (24.07.2017).

www.innogy.de (24.07.2017).

http://kit-gruenderschmiede.de/de/netzwerk/innovationstag/ (24.07.2017).

www.unternehmertum.de (24.07.2017).

www.weconomy.de (24.07.2017).

www.wissensfabrik.de (24.07.2017).

https://de.wikipedia.org/wiki/G%C3%BCnter_Faltin (24.07.2017).

https://www.wu.ac.at/entrep/news-impact/news-archiv/news-ei-special-pages/news-details/detail/entrepreneurship-avenue-2017-grosses-finale-mit-ei-beteiligung-an-der-wu/ (24.07.2017).

http://tinyurl.com/ydhgcs7z

4   Fallstudien

Im Kapitel 4.1 vermitteln wir allgemeine Informationen für die Vorbereitung eines eintägigen Workshops. Die Fallstudien sind in Kapitel 4.2, 4.3 und 4.4 enthalten.

Im ersten Teil der Fallstudien geben wir einen Überblick über die jeweiligen Unternehmen und die Vorbereitungen für die Workshops. Danach stellen wir im zweiten Teil der jeweiligen Fallstudie den Ablauf des Workshops dar und nehmen Sie mit auf die Reise zu den Business-Design-Workshops. Dabei geht es um drei Unternehmen aus unterschiedlichen Branchen:

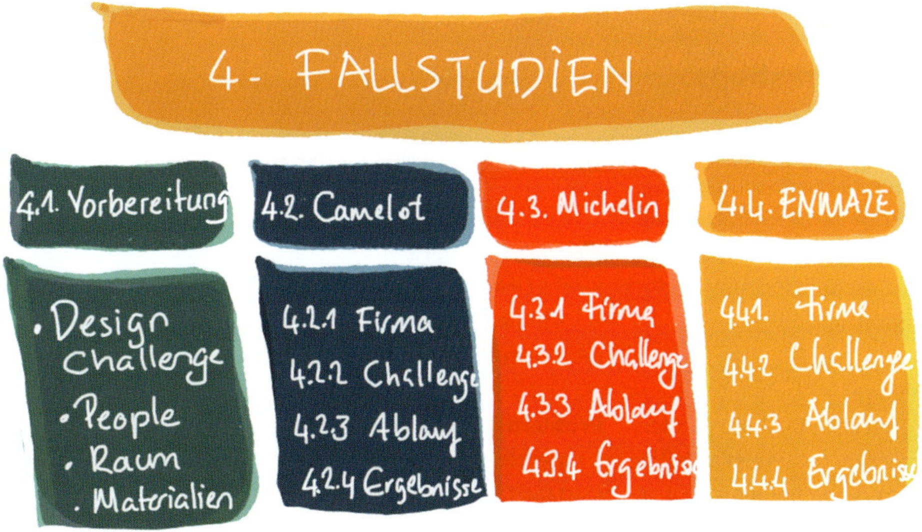

Abb. 4.1: Struktur der Fallstudien

Idee und Struktur

Einleitung

Business-Design-Rad

Ecosystem und Network

Fallstudien

Ausblick

Stichwortregister

Autorin

Beitragsautoren

Danksagung

- Camelot IT-Lab (IT-Beratung – Serviceinnovation),
- Michelin (Industrie – Produkt- und Serviceinnovation) und
- ENMAZE (Start-up – Geschäftsmodellinnovation).

In dritten Teil der jeweiligen Fallstudie stellen wir die Ergebnisse des Workshops beispielhaft dar.

4.1   Vorbereitung des Workshops

Vor dem Business-Design-Workshop führt man in der Regel zwei- bis dreimal jeweils ein- bis zweistündige Vorgespräche mit den Entscheidern durch. Die Design-Challenge muss vor dem Workshop festgelegt und mit dem Auftraggeber – in der Regel der Geschäftsführung   oder mit dem Start-up-Team abgestimmt sein.

Vorgespräch zur Design-Challenge
Das Gespräch sollte gut vorbereitet sein. Deshalb werden sicherheitshalber mehrere Vorgespräche eingeplant. Das erste Vorgespräch wird mit einem »Entscheider« geführt. Der Entscheider kann auch eine Personengruppe sein,

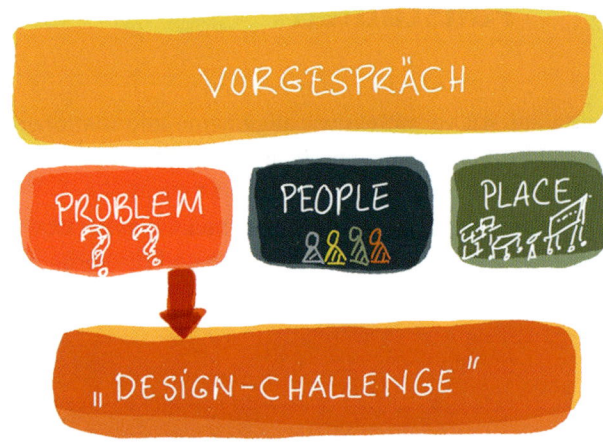

Abb. 4.2: Vorgespräch zur Design-Challenge

z. B. ein Gründerteam in Start-ups oder Innovatoren in einem Unternehmen.

In einem ersten Vorgespräch werden gemeinsam Antworten auf Fragen zu nachfolgenden Themen erarbeitet.

Problem

Welches ist das Problem und die Fragestellung? Was sind die Design-Challenges?

People

Wer soll daran teilnehmen? Wer darf nicht dabei sein? Wer sind die Gesprächspartner? Wer ist der Kunde? Wer sind die Experten?

Da die Teilnehmer die Design-Challenge an einem Tag erarbeiten, haben die Gruppen keine Zeit, Kontakt zu Experten und Kunden aufzunehmen sowie Termine während des Workshops zu organisieren. Wenn es möglich ist, sollte man die Workshops in zwei bis drei Tagen durchführen. Da Zeit und Geld häufig knapp sind, müssen die Workshops sehr gut vorbereitet werden. Die Entscheider definieren im Vorfeld Experten und benachrichtigen Kunden, damit während des Workshops schnell erste Interviews (persönlich/telefonisch oder per Skype) geführt werden können. Auch Kunden, User und Experten können an dem Workshop teilnehmen, wenn die Entscheider sich davon einen Vorteil versprechen.

Räume und Materialien

Wo wird der Workshop durchgeführt? Welche Materialien werden vor Ort benötigt? Über das Ziel (Design-Challenge), die zeitlichen und räumlichen Gegebenheiten muss man vorher mit den Entscheidern Konsens herstellen.

- Raum: Alle Teilnehmer erhalten Informationen zu Terminen, Räumen sowie Adressen. Zudem plant man den Ablauf vor dem Termin. Es werden Vorlagen für die Dokumentation erstellt und Verantwortliche benannt.
- Materialien: In Design-Thinking-Workshops werden in erster Linie Post-its, Karteikarten, Papiere in unterschiedlichen Farben und Größen, Legosteine, Werkzeuge und Materialien zum Basteln von Prototypen verwendet. Auch größere Metaplanpapiere (A1) und Flipcharts sollten in dem Workshop-Raum zur Verfügung stehen. Dabei reichen günstige, leicht zu beschaffende, unterschiedliche Materialien und inspirierende Bilder aus Zeitschriften zum Basteln völlig aus. Anregungen bieten Materialien in Bastelzimmern in Kindergärten, in Künstlerateliers, in Schreiner-Werkstätten und anderen technischen Werkstätten.

Bei den ersten Protoypen geht es um die sogenannte »Quick and dirty«-Version. Natürlich können je nach Fragestellung auch schon in dieser Phase qualitativ bessere und umfangreich ausgestattete Prototyping-Rräume (Design-Thinking-Räume) und technische Maschinen sowie Werkzeuge nützlich sein.

Idee und Struktur

Einleitung

Business-Design-Rad

Ecosystem und Network

Fallstudien

Ausblick

Stichwortregister

Autorin

Beitragsautoren

Danksagung

Risiken bei der Vorbereitung

In etablierten Unternehmen kommt oft ein Verantwortlicher als Projektleiter zu dem Gespräch hinzu, der eventuell vom Nutzen des Business-Design-Workshops noch nicht überzeugt ist. Dies kann ein Risiko für den Erfolg des Workshops sein. Solche Risiken sind vor dem Workshop abzuklären. Dafür ist das Geschick eines erfahrenen Workshopleiters gefragt. Er muss dem kritischen Entscheider bzw. Projektleiter vermitteln, wie wichtig eine liberale Haltung gegenüber den Teilnehmern und eine gelassene Ergebnisoffenheit für den Erfolg des Workshops sind.

Im folgenden Kapitel präsentieren wir in den einzelnen Workshops zunächst das Unternehmen, die Vorbereitung und den Ablauf sowie die Ergebnisse der Workshops.

4.2 Fallstudie I: Camelot ITLab GmbH in Mannheim

4.2.1 Firma

Camelot Innovative Technologies Lab (Camelot ITLab) ist das führende Beratungsunternehmen für digitalisiertes Value-Chain-Management (Wertschöpfungsketten). Mit über 20-jähriger Expertise in Wertschöpfungsprozessen und Technologie-Know-how unterstützt Camelot ITLab Kunden in ihrer digitalen Transformation mit der Entwicklung und Implementierung von Innovationen. Sich schnell verändernde Technologien, Märkte und Kundenanforderungen stellen das Unternehmen kontinuierlich vor die Herausforderung, in kurzen Zeiträumen neue innovative Lösungen und Konzepte entwickeln zu müssen.

Weitere Infos zu Camelot ITLab GmbH mit Hauptsitz in Mannheim siehe unter: https://www.camelot-itlab.com

4.2.2 Design-Challenges für Service-innovation

Vor dem Hintergrund der »Digitalen Transformation« hinterfragen Unternehmen Strategie, Geschäftsmodelle und Wertschöpfungsketten. Hierbei reicht es nicht aus, Prozesse schlicht zu digitalisieren oder IT-Systeme zu transformieren – es geht vielmehr um innovative Ideen und neue, richtungsweisende Geschäftsmodelle.

Camelot ITLab wollte Design Thinking für die Generierung von Innovationen einsetzen.

Dafür arbeiteten wir mit Entscheidern vorab drei Fragestellungen für die Arbeitsgruppen in dem Workshop aus:

1. Wie können wir den Innovationsprozess durch Design Thinking bei Camelot ITLab verbessern?
2. Wie können wir innovative Geschäftsmodelle für die Beratungssparte Logistik bei Camelot ITLab entwerfen?
3. Wie können wir innovative Management-Methoden und -Akzente in Zukunft einsetzen, um das klassische Projektgeschäft sowie die Zufriedenheit aller Beteiligten zu verbessern?

Wir gaben keine fest formulierte Design-Challenge vor, sondern stellten diese den Gruppen als erste Aufgabe. Dieses Vorgehen hat die folgenden Vorteile:

- zum einen akzeptiert das Team die Aufgabe leichter und begeistert sich eher für das selbst bestimmte Thema,
- zum anderen definiert das Team selbst geeignete Themenschwerpunkte und die Richtung der Untersuchung.

Im Folgenden beschreiben wir ausführlich und beispielhaft die Challenge, den Ablauf des Workshops und die Gruppenergebnisse zur zweiten Frage: Wie können wir innovative Geschäftsmodelle für die Beratungssparte Logistik bei Camelot ITLab entwerfen? Designe ein innovatives Beratungserlebnis für die Beratungssparte Logistik bei Camelot ITLab.

4.2.3 Ablauf des Workshops

Anfang 2017 fand der Design-Thinking-Workshop bei Camelot ITLab statt.

An diesem Workshop nahmen 14 Studierende der HdWM Mannheim im letzten Semester und zehn Mitarbei-

Idee und Struktur

Einleitung

Business-Design-Rad

Ecosystem und Network

Fallstudien

Ausblick

Stichwortregister

Autorin

Beitragsautoren

Danksagung

ter von Camelot ITLab – insgesamt 24 Personen – teil. Die Gruppen waren gemischt zusammengestellt, männliche und weibliche Mitarbeiter aus verschiedenen Abteilungen sowie Studierende mit unterschiedlichen Vertiefungen und Kenntnissen.

Für alle Teilnehmer war es der erste Workshop zu Design Thinking. Mit dem Thema hatten vorher nur wenige Berührung. Alle starteten mit großer Vorfreude und voller positiver Erwartungen.

Den Workshop leitete Professor Esin Bozyazi zusammen mit Design-Thinking-Coach Katrin Redmann. Für jede Gruppe übernahm ein Mitarbeiter von Camelot ITLab die Verantwortung für die fachlichen und organisatorischen Fragen. Ein Teamleiter der Studenten sorgte für die Dokumentation und die Unterstützung der Workshopleitung. Für drei Gruppen sollten mindestens zwei Coachs für die Betreuung zuständig sein. In der Regel sollte jede Gruppe einen Design-Thinking-Coach bekommen. Zu Beginn wurden die Design-Thinking-Methode und die Ziele, die am Ende des Tages erreicht werden sollten, präsentiert.

Eine Kennenlernrunde verschaffte allen Teilnehmern einen Überblick über die Beteiligten am Workshop. So konnten die Studenten sich ein Bild davon machen, welcher Mitarbeiter von Camelot ITLab in welchem Bereich tätig ist.

Für eine gute Mischung der drei Gruppen zu je acht Personen wurden diese per Zufallsauswahl gebildet. In den Gruppen fand eine zusätzliche Kennenlernrunde statt. Die Teilnehmer stellten ihre jeweiligen Stärken vor. Anschließend erarbeitete die Gruppe die dargestellten Design-Thinking-Prozessschritte (vgl. Kapitel 2.2.2).

Problembereich

Schritt 1: Verstehen

Damit die Gruppen die Fragen verstehen und zielgerecht beantworten konnten, sammelten sie Informationen zu Camelot ITLab, insbesondere zum Beratungsbereich Logistik sowie zur Firmenkultur. So verschafften sie sich einen groben Überblick und ein besseres Verständnis der Challenge. Die Teilnehmer tauschten sich über die verschiedenen Blickwinkel mit Hilfe einer Mindmap aus und definierten die Aufgabe der Challenge: »Wie können wir innovative Leistungsangebote, die den Anforderungen unserer Kunden entsprechen, für das Jahr 2020 entwickeln und erfolgreich einführen?«

Schritt 2: Beobachten

Die Workshopteilnehmer formulierten zusammen mit den Camelot ITLab-Beratern Fragen für Interviews. Die Mitarbeiter standen als »Experten« auch für die Antworten zur Verfügung. Die Antworten wurden anschließend auf wichtige und sich wiederholende Informationen untersucht. Nach den Interviews besprach die Gruppe die Ergebnisse. Dabei konnten bereits Stärken und Schwächen im Kundenservice ausgemacht werden. Das Team wiederholte diesen Schritt noch einmal, weil an dem Workshop-Tag nicht alle relevanten Fragen ausreichend geklärt wurden. Deshalb führte es in einer späteren Iteration mit einem neuen Fragebogen weitere Interviews mit ausführenden Beratern und IT-Consultants von Camelot ITLab durch. Der Fragebogen war ein Leitfaden zur Ermittlung von Meinungen, Bedürfnissen und Erfahrungen der Mitarbeiter und Kunden.

Schritt 3: Sichtweise
Synthese der Ergebnisse und Erarbeitung einer »Persona«

Aus den durch Interviews und Beobachtungen gewonnenen Daten und Informationen stellte das Team unerfüllte Bedürfnisse und Wünsche der Kunden fest: schnelle und übersichtliche Marktinformationen sowie Informationen über Prozessoptimierungen wie z. B. Routenoptimierungen und Kennzahlen des Controllings für Manager. Die leichte Anwendung der neuen Technologien und deren gute Zugänglichkeit waren von großer Bedeutung.

Ein weiterer Schritt war die Entwicklung einer Persona. Sie definiert die Kundenbedürfnisse sehr genau und ist für die Gestaltung eines perfekt zugeschnittenen Produktes wichtig. Das Team entwickelte die Persona gemeinsam: mit Namen, Beschreibung ihrer sozio-ökonomischen Eigenschaften sowie Interessen und fügte zu guter Letzt ihr Problem bzw. die entdeckten Bedürfnisse und Wünsche hinzu. Diese Persona heißt Denny Busch, ist 40 Jahre alt, hat einen Hochschulabschluss, ist CEO von »Logistic4you« und aufgrund von hoher Arbeitsbelastung und wenig Freizeit geschieden. Seine täglichen Herausforderungen sind die Identifizierung und Bewertung von Trends.

Aus der Perspektive des Kunden ergaben sich Hoffnungen und Unsicherheiten. Die Hoffnungen sind: Marktführer zu werden, die Personalisierung und Individualisierung zu steigern und sich die Kundennähe zu sichern. Eine Unsicherheit ist das große Thema Digitalisierung. Jeder spricht von Digitalisierung, jedoch weiß niemand, was der Begriff konkret bedeutet. Die primären Ziele der Kunden, die auf das Persona-Profil passen, sind Kostenminimierung, Effizienzsteigerung, die Einhaltung von Lieferterminen sowie die Kontrolle der Total Cost of Ownership. Hierfür müssen jedoch einige Bedingungen gegeben sein, wie zum Beispiel die Stabilität des Marktes und die Verfügbarkeit von Ressourcen sowie Fähigkeiten.

Die dritte und letzte Aufgabe dieses Schritts war das Reframing der Design-Challenges aus der Sicht der Persona Denny Busch: »Wie können wir Denny Busch helfen, seine Hoffnungen zu erfüllen und gleichzeitig seine Unsicherheiten zu beseitigen, bessere, schnellere Informationen über den Markt zu vermitteln und gleichzeitig die Veränderungen der Parameter zur Prozessoptimierung zeitgleich zu erfahren?«

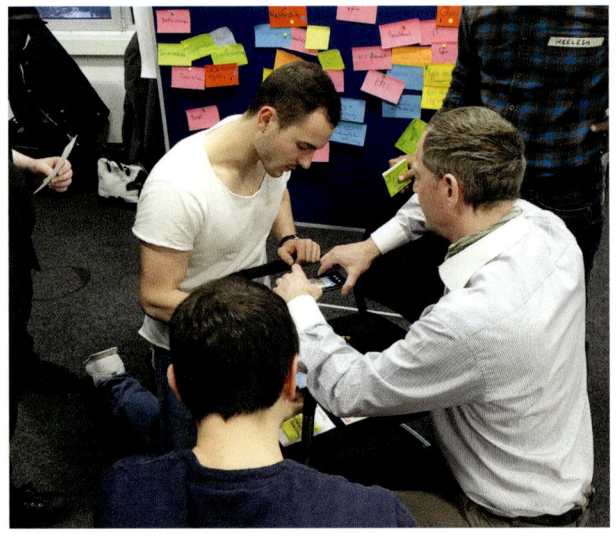

Abb. 4.3: Workshop (Prototyping) – Beispiele

Lösungsbereich

Schritt 4: Ideengenerierung

Die Gruppenteilnehmer hatten die Aufgabe, innerhalb von drei Minuten, so viele Ideen wie möglich zu finden. Sie wurden an einer Pinnwand befestigt. Jeder Teilnehmer durfte sich die aus seiner Sicht drei besten und zwei »verrückte« Ideen auswählen. Drei Ideen von fünf hatten die meisten Übereinstimmungen. Die detaillierte Bearbeitung der drei Ideen führte zu einem Lösungsansatz: eine Applikation mit dem Namen »Concept iCLIH App« als Add-on für ein Serviceangebot zur Unterstützung der Beratung in der Logistikbranche.

Schritt 5: Prototyp

Innerhalb von 30 Minuten baute das Team einen ersten Prototyp, mit dem die ausgewählte Lösung für Kunden und Auftraggeber dargestellt und anschließend präsentiert werden konnte. Der Prototyp war ein dreidimensionales Mock-up aus Post-its und Legosteinen. Die Anwendung sollte in einem Videofilm vorgeführt werden.

Schritt 6: Test

Die letzte Aufgabe dieses Design-Thinking-Workshops war es, den anderen Gruppen und dem Auftraggeber (Vice President für Innovation) das vorläufige Ergebnis vorzustellen. Die Gruppe zeigte einen Film, um den anderen Teilnehmern einen Einblick zu geben, wie eine App in etwa funktionieren könnte. Der Auftraggeber und das gesamte Workshopteam gaben ein Feedback zu dem vorgestellten Prototyp. Innerhalb der nächsten beiden Wochen bereitete das Team ein umfangreiches und detailliertes Konzept der Idee vor.

4.2.4 Ergebnisse des Workshops

In der Konzeptphase arbeitete das Team mit dem Design-Thinking-Ansatz und iterierte einige Design-Thinking-Schritte (Beobachtung, Ideengenerierung, Prototyping, Testen).

In der Konzeptbearbeitungsphase bzw. in der Iteration der Beobachtungsphase hatte das Team festgestellt, dass für die Problemlösung detailliertere Informationen erforderlich waren. Dafür sollten weitere Interviews mit

Idee und Struktur

Einleitung

Business-Design-Rad

Ecosystem und Network

Fallstudien

Ausblick

Stichwortregister

Autorin

Beitragsautoren

Danksagung

Abb. 4.4: Prototyp der Apps (vgl. Hey 2017, S. 17-18)

den Beratern des Schwesterunternehmens CAMELOT Management Consultants geführt werden. Es wurden Fragen als Leitfaden vorbereitet, wie z. B.:

1. Welche Informationen benötigt das C-Level für seine Arbeit?
2. Welche Informationen benötigt das Operations-Level für seine Arbeit?

Die Ergebnisse der zusätzlichen Interviews zeichneten ein klares Bild der zukünftigen Beratungsbranche. Der Fokus lag auf einer zunehmenden Prozesstransparenz, der Beherrschung von IT-Technologien, neuen Beratungswegen, Markt- und Wettbewerbsanalysen sowie Transport- und Logistikinnovationen. Hier konnte das Concept iCLIH App als Add-on die Beratung in der Logistikbranche in Zukunft unterstützen.

Zur Erreichung dieser Anforderungen wurde ein erster Prototyp konstruiert. Von zentraler Bedeutung war die Unterscheidung zwischen C-Level und Operations-Level, die bereits auf der Startseite der App integriert wurden, wie aus Abbildung 4.4 ersichtlich ist.

Zudem wurde ein erster Prototyp des Interfaces für das Operations-Level an den Beispielen Lagerarbeiter und C-Level erstellt. Wichtige Merkmale der beiden Seiten sind, dass beide über die Funktionen IT-COM und News verfügen sowie über eine Fehlermeldefunktion. Die Funktion IT-COM wurde eingefügt, um eine schnelle und arbeitsplatzübergreifende Kommunikation zu ermöglichen, der Reiter News wiederum informiert schnellstmöglich über neue Veränderungen am Markt.

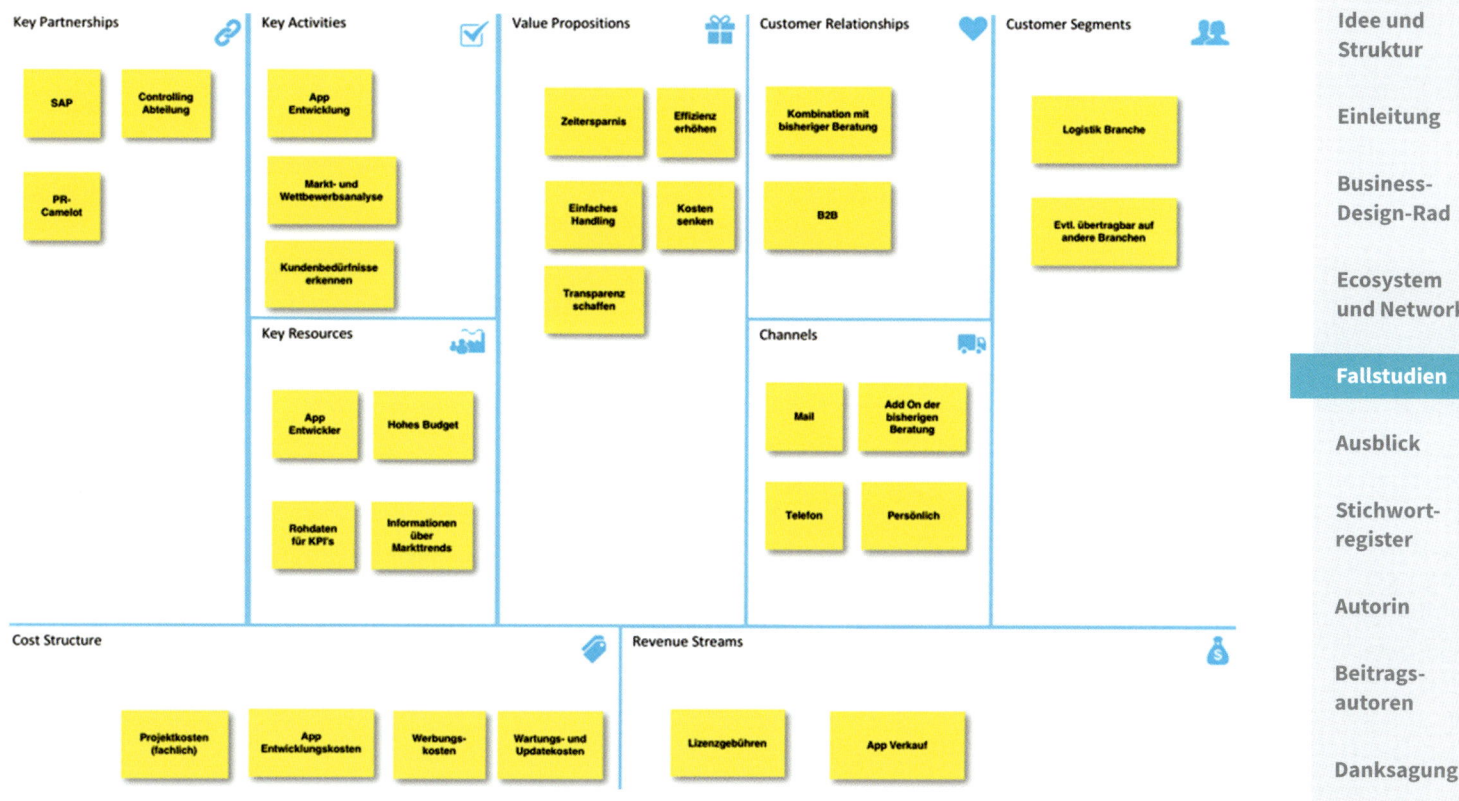

Abb. 4.5: Business-Model-Canvas – Logistik Hub App vorbereitet im Strategyzer (vgl. Hey 2017, S. 14)

Idee und
Struktur

Einleitung

Business-
Design-Rad

Ecosystem
und Network

Fallstudien

Ausblick

Stichwort-
register

Autorin

Beitrags-
autoren

Danksagung

Weitere Ergebnisse

Das Ergebnis des Workshops war ein grobes Konzept für eine App. Dieses Konzept wurde in den beiden folgenden Wochen vertieft und iterativ mehrmals verbessert. Danach stellte das Team einen verbesserten Prototyp der App sowie ein verbessertes Konzept für ein mögliches Geschäftsmodell dem Entscheider (Geschäftsführer) vor.

Auf der Seite 117 ist die »intelligent Company Logistics Information Hub App« als Business-Model-Canvas dargestellt. Die Business-Model-Canvas (BMC) ist ein Instrument für die Visualisierung und Entwicklung von Geschäftsmodellen oder Start-up-Ideen. Zudem kann mit der BMC getestet werden, ob die Idee auch unternehmerisch funktionieren kann.

Für die Logistik Hub App als mögliches zukünftiges Beratungs-Add-on für Logistikkunden von Camelot ITLab wurden folgende Inhalte für die entsprechenden Bereiche eines Business Model Canvas zusammengestellt (vgl. Abbildung 4.5).

In der ersten Testphase stellen die Workshopteilnehmer der Geschäftsführung und den Mitarbeitern den Prototyp vor. Mit ausgewählten Kunden wurde der nächste Prototyp von Camelot ITLab verbessert. Nach mehreren Iterationen erfolgen Tests mit richtigen Kunden.

Stimmen der Teilnehmer

Studenten: »Es war sehr lehrreich, wie die Mitarbeiter von Camelot ITLab die Aufgaben im Workshop angepackt haben. Die Dauer des Workshops war relativ kurz. Zudem war es für die Mitarbeiter der erste Workshop. Um Design Thinking genau zu verstehen und zu verinnerlichen, ist ein Tag sehr knapp. Für die Implementierung dieser Denkweise im Unternehmen bedarf es eines zweiten bzw. – falls möglich – mehrerer Workshops.«

Nach dem Workshop hat sich der Geschäftsführer von Camelot ITLab für eine unternehmensweite Einführung des Design-Thinking-Mindsets entschieden. Die Firma hat mit Schulungen unmittelbar danach begonnen.

Quellen

Hey, D./Zerezghi, S./Konz, M./Hägele, M./Martini, F. (2017): Logistik Information Hub App für die Firma Camelot ITLab – Projektbereich an der Hochschule der Wirtschaft für Management für den Studiengang Management und Unternehmensführung, im Wintersemester 2016/17, vorgelegt bei Prof. Dr. Esin Bozyazi am 03.02.2017, unveröffentlicht.

4.3 Fallstudie II: Michelin und das Michelin Center für Training und Information (MCTI) in Karlsruhe

4.3.1 Firma

Michelin ist ein innovatives und zukunftsorientiertes Unternehmen, das bereits mit den Methoden des Business-Design-Managements arbeitet. Zum Beispiel entwickelte Michelin jüngst ein nachhaltiges Produkt, einen luftlosen Konzeptreifen aus biologisch abbaubaren Materialien: Mit der Rad-Reifenstudie MICHELIN Visionary Concept zeigt das französische Unternehmen, wie der Reifen der Zukunft aussehen könnte: umweltschonend, pannen- und verschleißresistent. Im Rahmen der Plattform für nachhaltige Mobilität »Movin‹ On« hat der weltweit agierende Reifenhersteller erstmals einen wegweisenden Konzeptreifen vorgestellt. Zu den herausragenden Merkmalen gehört die biologisch abbaubare Lauffläche, die jederzeit per 3-D-Printverfahren erneuert werden kann (http://www.michelin.de/news-center/MICHELIN-Visionary-Concept-Nachhaltige-Rad-Reifenstudie-fuer-saubere-Mobilitaet).

Im Rahmen einer Open-Innovation-Strategie arbeitet die deutsche Tochter des Reifenherstellers Michelin mit der Hochschule der Wirtschaft für Management zusammen, um innovative Impulse für das unternehmenseigene Michelin Center für Training und Information (MCTI) zu entwickeln. Dieser Geschäftsbereich von Michelin bietet Kunden aus dem Handel Theorie- und Praxisschulungen zu Reifenfachwissen und Verkaufsmethoden an. Das MCTI möchte sein Spektrum erweitern und sucht deshalb neue Inspirationen für die Zukunft.

Bei seiner Neuausrichtung legt das MCTI einen Schwerpunkt darauf, die Kundenwünsche und Marktanforderungen zu berücksichtigen, die sich im Zuge der fortschreitenden Digitalisierung verändert haben. Um diese Ziele zu erreichen, initiierte Prof. Dr. Esin Bozyazi zusammen mit Michelin-Mitarbeitern sowie Studierenden der HdWM (Studiengang Management und Unternehmensführung) einen Design-Thinking-Workshop für Innovationen. Michelin zeigte Mut und Offenheit für diesen neuen und ungewöhnlichen Weg: einen Business-Design-Workshop mit Studenten der Hochschule.

Idee und Struktur

Einleitung

Business-Design-Rad

Ecosystem und Network

Fallstudien

Ausblick

Stichwortregister

Autorin

Beitragsautoren

Danksagung

4.3.2 Design-Challenge für Produkt- und Serviceinnovation

Es gab zwei Vorgespräche, in deren Verlauf die Design-Challenge herausgearbeitet und die Vorgehensweise vorbereitet wurden. Da Michelin selbst insgesamt sechs Design-Thinking-Coaches im Haus hatte, herrschte relativ schnell Einverständnis über das weitere Vorgehen. Die Bedeutung der externen Coaches und Teilnehmer war für Michelin klar. Damit konnten Nachteile, die aus einer gewissen Betriebsblindheit oder voreingenommenen Innensicht entstehen können, verringert und stattdessen neue Aspekte einbezogen werden.

Die Fragestellung des MCTI für den Business-Design-Workshop wurde wie folgt festgelegt: »MCTI der Zukunft«: Welche innovativen Angebote und Lösungen bietet das MCTI der Zukunft an?

4.3.3 Ablauf des Workshops

Der auf dem Design-Thinking-Ansatz basierende Business-Design-Workshop fand am 20. Juni 2017 im Michelin-Museum in Karlsruhe statt. An dem Workshop nahmen insgesamt 45 Personen teil: 20 Studierende aus dem

Abb. 4.6: Workshop-Daten und -Fakten bei Michelin

letzten Semester Management und Unternehmensführung an der HdWM, 25-Michelin-Mitarbeiter, Vertreter von Michelin-Kunden und eines Dienstleisters des MCTI. Die Leitung hatte Frau Professor Esin Bozyazi inne in Kooperation mit SAP-Design-Thinking-Coach Katrin Redmann sowie zwei Design-Thinking-Coaches von Michelin, Dr. Astrid Kurth und Rainer Sorge.

In der Einführung erläuterte die Workshop-Leiterin die jeweiligen Prozessschritte des Problem- und Lösungsbereichs, die die sechs Teams anschließend bearbeiteten. Die Gruppen wurden nach dem Zufallsprinzip gebildet mit jeweils Studierenden, Mitarbeitern, Kunden, Lieferanten und Experten.

Problembereich

Schritt 1: Verstehen

Nach dem Warm-up zum Teambuilding arbeiteten die Gruppen zunächst am gemeinsamen Verständnis des Problems und formulierten die Design-Challenge um. Dieser erste Schritt ermöglichte den Teams einen breiteren Blickwinkel (360°) auf das Problem und eine grundlegende Recherche zu Thema und Unternehmen.

Unternehmen beschränken die Problemformulierung oft auf ihre Perspektive. Dies erlaubt den Teams nur eine begrenzte Freiheit und kann zu einer schwachen Kundenempathie führen.

Die Teamteilnehmer sollten die zu Beginn des Workshops formulierte Design-Challenge deshalb neu formulieren, sodass sie einer Produkt- oder Serviceinnovation entspricht:

- die Design-Challenge-Formulierung ist kundenzentriert und am Kundennutzen orientiert,
- die Design-Challenge zielt auf einen Kunden- bzw. eine Usergruppe und
- sie erlaubt offene Ergebnisse.

Durch die Neuformulierung der Design-Challenge fügt jede Gruppe, neue Bedingungen ein. Auf diese Weise erreicht das Team ein gemeinsames Problemverständnis (siehe Kapitel 2.1).

Bespielhaft ist folgende im Michelin-Workshop neu entwickelte Design-Challenge:

»Designe das Serviceerlebnis beim MCTI durch innovative Methoden für Vertriebspartner neu.«

Schritt 2: Beobachten

Die Teams starteten die Empathiearbeit mit ersten Überlegungen zur Vorgehensweise der Beobachtung. Sie legten die Verteilung der Beobachtungs- und Rechercheaufgaben sowie die Rollen und Methoden der Befragung fest, sowie wen sie wann interviewen wollten. Michelin organisierte die Interviewtermine mit allen vorab informierten Experten aus unterschiedlichen Disziplinen, Stakeholdern, wie z. B. Kunden, Vertriebspartnern (Reifenhändler), Zulieferern und Mitarbeitern (Manager, Berater und Referenten für Schulungen/Weiterbildungen). Die Teammitglieder interviewten die entsprechenden Ansprechpartner während ca. zwei Stunden (inklusive der Mittagspause). Den Zeitplan für die Interviews mussten sie selbst erstellen.

Die Interviews führten mindestens zwei oder drei Teammitglieder, die sich gegenseitig unterstützen und möglichst auch die Rollen wechseln sollten. So machte ein Teammitglied beispielsweise Notizen, während ein anderes nur beobachtete und ein drittes die Fragen stellte. Falls die Interviewpartner es erlaubten, wurden mit Smartphones auch Audio- oder Videoaufnahmen gemacht.

Die Teams führten bis zu zwölf Interviews mit drei bis vier offenen Fragen in ca. 1,5 Stunden durch und bereiteten sich zudem auf den nächsten Prozessschritt vor. Dabei hörten die Teammitglieder den Interviewten aktiv zu und beobachteten sie wie Forscher. Sehr wichtig war auch das, was sie nicht sagten bzw. was sie nicht gemacht haben und aus welchen Gründen.

Tipps für Workshops

Die Fragen werden nach dem Fünf-Mal-Warum-Prinzip formuliert und sollten offene Antworten ermöglichen, wie z. B.:

- Berichten Sie über Ihre bisherigen Erfahrungen…?
  Warum? Warum?
- Welches sind die Probleme oder was ist das Beste in …?
  Warum? Warum?
- Können Sie bestehende Prozesse beschreiben?
  Was soll damit erreicht werden?
  Warum? Warum?
- Wenn Sie drei Wünsche frei hätten, wie würden diese lauten?
  Warum? Warum?

Nach der Durchführung der Interviews endet die Beobachtung. In der nächsten Phase erfolgt die Synthese-Arbeit und die Bestimmung der Kundenperspektive.

Abb. 4.7: Sichtweise –Synthese

Schritt 3: Sichtweise – Synthese

Die Ergebnisse der ca. 35-40 Interviews wurden den anderen Teamteilnehmern vorgetragen und anschließend nach folgenden Kategorien sortiert.

- Was war für die Interviewpartner wichtig bzw. positiv oder negativ?
- Was war widersprüchlich, was war überraschend?
- Mit welchen relevanten Aussagen (Zitaten) kann die Kundensicht beschrieben werden?

Alle Interviewergebnisse und Beobachtungen werden für die Ausarbeitung einer Persona verwendet. Sie erhält einen Namen, zudem werden ihr soziale Eigenschaften sowie alle identifizierten Probleme, Bedürfnisse und wichtige Wünsche zugeordnet.

Beispielhaft hat die Gruppe die Persona Frank entwickelt: Frank, 35 Jahre alt, hat eine Wochenendbeziehung, von den Eltern eine Kfz-Werkstatt mit 20 Mitarbeitern in der Pfalz geerbt und arbeitet mehr als 50 Stunden wöchentlich. Er spricht Dialekt und hat kein Abitur. Er fährt leidenschaftlich gern und schnell Motorrad und Auto, besucht DTM-Veranstaltungen und war einmal bei einem Formel 1-Rennen in Monaco. Im Alter von sechs

Jahren wollte er Rennfahrer werden. Später organisierte er mit Freunden zeitweise illegale Rennen. Außerdem hat er Sorgen, dass er seine Haare durch den Arbeitsstress verliert. Eine für ihn charakteristische Aussage ist: »Ich liebe den Motorensound am Auto, alles andere ist nicht männlich.«

Günstige Reifenangebote im Internet stören sein Geschäft. Er hat eine sehr geringe Gewinnmarge beim Reifenverkauf und verliert Kunden. Er übernimmt zunehmend nur den Montage-Service für Reifen, die seine Kunden im Internet kaufen und per Paketdienst direkt an ihn schicken lassen. Preise kann er nicht wirklich gut anpassen, fehlende Erfahrungen hemmen ihn, höhere Preise zu verlangen. Er hat Sorgen und fürchtet, auf der Strecke zu bleiben, falls die Digitalisierung den Markt noch stärker verändert.

Seine Freundin aus Zürich versteht nicht, weshalb er nicht bei einem Automobilhersteller einen gut bezahlten, etwas entspannteren Job annimmt. Er möchte sich jedoch keinem Chef unterordnen. Außerdem ist es ihm wichtig, den Familienbetrieb weiterzuführen – auch weil sein Vater es so wollte.

Aus den Ergebnissen und der Persona wird die Kundenperspektive, auch Point of View (PoV) genannt, neu formuliert. Die PoV für die Persona Frank wird der Frage-

Abb. 4.8: Gruppenarbeit im Workshop

stellung »wie können wir der Persona XY helfen, dass…« folgend umformuliert: »Wie können wir Frank helfen, seine Zukunftssorgen durch geeignete digitale Angebote in »einfacher« und »männlicher« Form zu bewältigen, damit das Familiengeschäft weitergeführt werden kann?«

Mit der Formulierung endet auch der Problembereich. Im nächsten Schritt geht es um die Lösungen.

Lösungsbereich

Der Lösungsbereich beginnt mit einem Warm-up zur Vorbereitung der beiden Gehirnhälften für das kreative Arbeiten. Beispiel: Generieren Sie möglichst viele neue Wörter aus den Buchstaben eines vorgegebenen Wortes.

Schritt 3: Ideen entwickeln

Ideen generieren. In dem Workshop wurde zunächst ein dreiminütiges Brainstorming durchgeführt, das bei Bedarf durch weitere zweiminütige ergänzt werden konnte. Jeder Teilnehmer sollte alleine so viele Lösungen wie möglich generieren. Jede einzelne Idee wurde auf ein Post-it gemalt oder mit einem bzw. zwei Wörtern unter Zeitdruck notiert. Wichtig war nicht die Qualität der Zeichnungen, sondern dass möglichst viele Lösungsideen in möglichst kurzer Zeit gefunden wurden.

Tipps für Workshops

In dieser Phase müssen die Coaches besonders auf die Zeit achten und die Teilnehmer immer wieder darauf aufmerksam machen, in kurzer Zeit möglichst zahlreiche Lösungsideen zu kreieren. Auch die Vorgabe einer Mindest-Ideenmenge ist hilfreich, da Zeitknappheit die Kreativität meist fördert. Aussagen wie »jeder muss mindestens 30 Ideen generieren, so war es auch im letzten Workshop« erhöhen die Bereitschaft und den Ehrgeiz der Teilnehmer, mehr Ideen zu generieren. Die Coaches müssen betonen, dass jede Idee gut ist, selbst wilde sowie verrückte Ideen sind willkommen. Bei Michelin stellten die Teilnehmer auf ca. tausend Post-its Lösungsideen vor.

Ideen präsentieren und auswählen: Die Workshopteilnehmer stellen die Ideen vor kategorisieren sie gemeinsam nach einem Punktesystem und wählen drei gute sowie zusätzlich eine »verrückte Idee« aus. Danach überlegt jeder, welche Idee bzw. welche Kombination von Ideen in Abhängigkeit der Innovationsvoraussetzungen (Wünschbarkeit, Machbarkeit und Wirtschaftlichkeit) er für einen Prototypen einsetzen möchte.

Schritt 4: Prototypen

Mit Bastelmaterial und Legosteinen sowie ihrer jeweiligen Kreativität konnten die Teammitglieder einen Prototypen erstellen. Für einen Prototyp im Dienstleistungsbereich konnte beispielsweise auch ein Sketch eingesetzt werden. So bastelten einige Teams eine Präsentation aus Papier und Kartons, andere haben mit Legosteinen Services dargestellt und dazu eine kurze Erklärung in Form eines kleinen Sketchs gemacht.

Der Bauprozess von 3-D-Prototypen fördert die kollektive Kreativität von Teams. Beim Bauen der Prototypen generierten sie neue Ideen und entwickelten Synthesen von Prototypen. Nach 30 Minuten war der Prototyp für die Vorstellung im Plenum fertig.

Schritt 5: Testen
Da neben den Experten (bestehend aus Mitarbeitern, Lieferanten und Managern) auch Kunden an dem Workshop teilgenommen hatten, war die Präsentation des Prototyps gleichzeitig der erste Test an Kunden. Die Experten und die Workshop-Leitung erhielten so ein erstes Feedback zu einzelnen Ideen. Die gemischten Teams (Studenten und Experten) tauschten Kontaktdaten aus. Das Studententeam hatte die Aufgabe, mit dem Feedback innerhalb der darauffolgenden beiden Wochen weitere Iterationen durchzuführen und mit den neuen Ideen einen verbesserten Prototypen auszuarbeiten. Das neue Konzept sollte dann zwei Wochen später der Leitung des MCTI vorgestellt werden.

4.3.4 Ergebnisse des Workshops

Für die weitere Ausarbeitung wurden vier von sechs Ideen ausgewählt. Die beiden anderen wurden teilweise in die ausgewählten Ideen integriert oder von der Leitung nicht favorisiert. Im Folgenden wird exemplarisch ein vom MCTI ausgewählter Lösungsvorschlag eines Konzeptes für eine »Augmented Reality (AR)-Lösung für technische Schulungen« vorgestellt. Das Konzept beginnt mit einem Zitat von Albert Einstein:

Eine wirklich gute Idee erkennt man daran, dass Ihre Verwirklichung von vorneherein ausgeschlossen erschien.
Albert Einstein

Die Aufgabe »Zukunftskonzept für die Weiterbildung beim MCTI« hat das Team mit der neuen Technologie Augmented Reality gelöst.

In den weiteren Iterationen für die Ausarbeitung der Idee hat das Team drei Personas generiert (siehe Abbildung 4.10, beispielhaft den Reifenhändler Jürgen Fassbender). Die Personas (ein Endkunde: Hobby-Autorennfahrer, ein B2B-Kunde: Reifenhändler und ein User: Reifenmonteur) haben folgende gemeinsame »Pains«

Abb. 4.9: Workshop im Michelin Museum Karlsruhe

(Schmerzen bzw. Probleme) bei Präsenzschulungen: Zeitmangel, Entfernung zum Schulungsort und damit verbundene hohe Kosten.

In einer Welt, in der Digitalisierung immer mehr an Bedeutung gewinnt, verändern sich nahezu alle menschlichen Lebensbereiche nachhaltig:

Ein Klassenzimmer wird nicht mehr ein einfaches Klassenzimmer sein; ein Arbeitsort wird nicht mehr ein klassischer Arbeitsplatz sein; die Art der Kommunikation wird sich in den nächsten zehn Jahren nochmal so sehr verändern, wie sie sich in den letzten zehn Jahren verändert hat. Die größte disruptive Kraft, die uns begegnen wird, ist die der virtuellen Realitäten.

Sattler 2017, S. 17

Jürgen Fassbender

Alter
52

Beruf
Geschäftsführer seines
Reifenhandels

Familienstand
verheiratet, zwei Kinder

Wohnort
Weinheim

Motivationen

Qualität
Kundennähe
Mitarbeiterzufriedenheit

Ziele

Möchte sich von anderen Reifenhändlern abheben,
um langfristig wettbewerbsfähig zu bleiben, seine
Kunden stets zufrieden stellen und einen
1A Service bieten.

Ist frustriert wenn

-Er seine Mitarbeiter mehrere Tage im Jahr auf
Schulungen entsenden muss und dadurch Zeit-
und Kostenaufwand entsteht.

-Seine Mitarbeiter unmotiviert an die Arbeit gehen.

Biografie

Nach seiner Ausbildung zum Mechatroniker und
mehrjähriger Berufserfahrung hat sich Jürgen
mit seinem eigenem Reifenhandel selbstständig
gemacht. Er ist seit mittlerweile 20 Jahren als
Geschäftsführer tätig.

Persönlichkeit

Introvertiert   Extrovertiert

Fühlen   Denken

Verstehen   Urteilen

Marken

Dunlop
Bridgestone
Yokohama

Abb. 4.10: Persona Jürgen erstellt von Rumeysa Nicolli (Quelle: Sattler 2017, S. 5)

In der Industrie kann die Einarbeitungszeit der Mechaniker verkürzt werden. Sie können von Anfang an fehlerfrei arbeiten. Das Potenzial der Digitalisierung wird bei Schulungen zum Einsatz kommen. Der Präsenzunterricht wird durch den über nationale Grenzen hinausgehenden Unterricht ersetzt. Die Vision ist, unabhängig vom Standort, Wissen in digitale Form zugänglich zu machen.

Ein Weiterbildungszentrum hat die Aufgabe, verschiedene Interessengruppen auszubilden und Wissen zu vermitteln. Im Falle des MCTI handelt es sich um interne und externe Adressaten, wie z. B. Vertriebspartner (Reifenhändler). Wie soll eine Weiterbildung aussehen, damit diese zum einen effizienter werden kann und zum anderen auch den zukünftigen Herausforderungen gewachsen ist? Das Workshop-Team sollte eine Lösung für die Informationsvermittlung zu einem beliebigen Zeitpunkt finden. Obwohl der Weiter- und Fortbildungsbedarf vorhanden ist, kann davon ausgegangen werden, dass Unternehmen ihre Mitarbeiter zukünftig nicht mehr zur Weiterbildung an Standorte außerhalb des Unternehmens entsenden werden. Lernen muss überall möglich sein, ohne Einbußen der Qualität. Es soll in Zukunft möglich sein, die Menschen in einer nicht dagewesenen Art und Weise zusammenzuführen. Dafür sind keine Räume erforderlich. Distanz wird keine Hürde mehr sein und Lernen wird vor allem auf die Bedürfnisse des Einzelnen abgestimmt werden können (vgl. Sattler, 2017, S. 17).

Was ist eine AR-Lösung für Schulungen?

»Augmented Reality« ist eine Technologie, mit deren Hilfe die menschliche Wahrnehmung der Realität intelligent erweitert werden kann (Deutsch: erweiterte Realität). Hierbei werden digitale Informationen in das Blickfeld des Menschen eingeblendet. Darüber hinaus können zusätzliche relevante Informationen in Form von Texten, Bildern oder Tönen integriert werden. Dies ermöglicht

das Livebild einer Kamera eines Smartphones, Tablets oder einer Datenbrille, die die Daten und Informationen auf realen Gegenständen oder der tatsächlichen Umgebung des Benutzers anzeigen. So werden die digitale Welt und die physische Welt miteinander verknüpft, wodurch eine neue emotionale Erlebniswelt geschaffen wird (vgl. Sattler, 2017, S. 12).

In der Industrie ist der Nutzen dieser Technologie für Service- und Wartungsanwendungen und speziell für Schulungsszenarien bereits erkannt worden. Das erklärt auch die enorme Nachfrage nach AR-Anwendungen. Diese Anwendungen sind in allen Branchen einsetzbar, weswegen Chancen und Umsetzungsmöglichkeiten prinzipiell grenzenlos sind. Speziell in den Bereichen der Aus- und Weiterbildung sowie Trainings und Schulungen wird diese Technologie einen bedeutenden Mehrwert schaffen. So erreichen Unternehmen eine höhere Kundenzufriedenheit, weil sie interaktive individuelle Schulungen vor Ort anbieten können (vgl. https://www.ciode/a/15-technologie-trends-bis-2021,3260723).

Wie wird eine Datenbrille in der Praxis verwendet?

Das Workshop-Team hat sich mit der Firma ioxp GmbH, die AR-Lösungen anbietet, getroffen und mögliche Szenarien ausgearbeitet (vgl. Sattler 2017, S. 16):

Idee und Struktur

Einleitung

Business-Design-Rad

Ecosystem und Network

Fallstudien

Ausblick

Stichwortregister

Autorin

Beitragsautoren

Danksagung

129

Mit einer stationären AR-Lösung, die einen Arbeitsplatz digitalisiert, kann auch ein Laie Arbeitsschritte von Anfang an richtig durchführen. Vorher muss dieser Arbeitsplatz jedoch konfiguriert und mit Informationen gefüttert werden, sodass eine digitale Bedienungsanleitung entsteht.

AR-Lösung

Ein Mitarbeiter möchte einen Reifen an einem Fahrzeug montieren. Er begibt sich an seinen mit einer AR-Lösung ausgestatteten Arbeitsplatz und bereitet alles vor. Die Anleitung für den Reifenwechsel bekommt er auf sein Tablet. Diese Informationen bekommt das Tablet über eine stationäre Kamera, die am Arbeitsplatz angebracht ist. So ist es möglich, Schritt für Schritt alle relevanten Arbeitsschritte durchzuführen.

Eine stationäre AR-Lösung ist heute schon produktiv einsetzbar. Zudem können Schulungen mithilfe von Datenbrillen abgehalten werden. Wenn ein neuer Mitarbeiter angelernt werden muss, aber im Unternehmen niemand verfügbar ist, der die erforderlichen Arbeitsschritte kennt, kann er mithilfe von AR-Brillen geschult werden.

Datenbrille

Die Firma Reiff möchte einen Mitarbeiter auf die Schulung: »Nutzfahrzeugreifen fachgerecht montieren« schicken. Leider ist der nächstmögliche Termin in Karlsruhe schon ausgebucht und Reiff möchte auch nicht unbedingt eine Woche lang auf seinen Mitarbeiter verzichten. Recherchen ergeben, dass eine »AR-Schulung« gebucht werden kann. Dem Mitarbeiter werden über ein Tablet oder eine Datenbrille die einzelnen Arbeitsschritte erklärt. Der Trainer sieht das Blickfeld des Schülers ein und kann neben den Erklärungen den Schüler mit Pfeilen und Hinweisen unterstützen, die auf die Realität gelegt werden.

Wie kann ein Geschäftsmodell dafür aussehen?

Die aktuelle Hauptverdienstquelle des MCTI sind Präsenzweiterbildungen, die von Interessenten gebucht werden. Mit der Zunahme von AR-Lösungen im Weiterbildungssektor werden Präsenzschulungen aber tendenziell abnehmen. Daher stellt sich die Frage, wie AR-Schulungen bepreist werden können. Bei der Präsenzschulung ist der Mehrwert für das MCTI nach der Schulung da. Bei der AR-Schulung dagegen beginnt die Monetarisierung erst nach der Implementierung einer AR-Lösung. Mit dem Abschluss von Lizenzverträgen besteht aber die Möglichkeit der langfristigen Kundenbindung. Daher ist im Verkaufsprozess der AR-Lösung ein iterativer Prozess mit eingebunden, der diesen finanziellen Mehrwert verdeutlicht. Die Trainer hingegen müssen ihr Tätigkeitsfeld dieser neuen Situation anpassen. Deren »Präsenz« wird bei AR-Schulungen nicht mehr benötigt, denn es zählt nur noch die Wissensvermittlung. Die intellektuelle Anforderung ist gleich geblieben, der Hauptunterschied ist die Art und Weise der Wissensvermittlung (vgl. Sattler 2017, S. 11).

Stimmen der Teilnehmer

Workshopleiterin, Frau Professor Dr. Esin Bozyazi im Gespräch mit Rainer Sorge, Fortschrittsmanager und verantwortlich für die Umsetzung des sogenannten »Michelin Way« bei Michelin Reifenwerke AG & Co. KGaA.

E. B.: Was bedeutet »Business Design« für Sie und welche Bedeutung hat der Design-Thinking- Ansatz, dem ja Business Design zugrunde liegt, für ein großes innovatives Unternehmen wie Michelin?

R. S.: Zum einen ist es ein Ansatz, um Probleme kreativer zu lösen, zum anderen ist es ein Werkzeug, um ganz neue Geschäftsmodelle zu entwickeln. Es kommt einfach viel mehr dabei heraus, wenn Menschen unterschiedlicher

Disziplinen in einem die Kreativität fördernden Umfeld zusammenarbeiten.

Dabei wird gemeinsam eine Fragestellung entwickelt, welche die Bedürfnisse und Motivationen eines Menschen (z. B. des Auftraggebers oder Kunden) berücksichtigt. Dann werden Konzepte erarbeitet, die mehrfach geprüft werden. Es geht darum, Lösungen zu finden, die aus Anwender-/Nutzersicht überzeugend sind. Ein Design-Thinking-Workshop ist häufig ein »Kick-off« für Veränderungen:

- Was müssen wir anders machen?
- Was könnten wir Neues machen?
- Welche Methoden brauchen wir dafür?

Wir nutzen diese Kreativmethode bei Michelin, um aktuelle Problemstellungen oder notwendige Veränderungen zu bearbeiten und dabei nicht in alten Denkweisen zu verharren, sondern andere Blickwinkel einzunehmen und neue Denkansätze zu fördern.

E. B.: Wie war der Workshop für Sie, was war anders? Waren Unterschiede zu üblichen DT-Workshops festzustellen?

R. S.: Wir hatten auch in früheren Workshops schon Stu-

Idee und Struktur

Einleitung

Business-Design-Rad

Ecosystem und Network

Fallstudien

Ausblick

Stichwortregister

Autorin

Beitragsautoren

Danksagung

denten dabei – allerdings nicht in dieser großen Anzahl. Daher bestand dieses Mal nur bei einer Minderheit der Teilnehmer die Gefahr einer »Betriebsblindheit«. Dank dieses starken Blicks von außen entstanden bei diesem Workshop deutlich mehr Lösungsvorschläge, die zudem sehr unterschiedliche Ansätze verfolgen.

E. B.: Wie schätzen Sie die Zukunft mit den neuen Ansätzen Business Design und Design-Thinking-Mindset im Großunternehmen, vor allem für Michelin ein?

R. S.: Wir verfolgen bei Michelin drei klare Ziele: Wir wollen die Zufriedenheit unserer Kunden erhöhen, unseren Mitarbeitern mehr Eigenverantwortung übertragen und unsere Arbeitsweisen vereinfachen. Diese Veränderungen sind für uns von entscheidender Bedeutung, damit wir im Kontext des wirtschaftlichen und gesellschaftlichen Wandels weiter wachsen können.

Wir wollen, dass unsere Mitarbeiter kundenzentriert denken. Das wird unsere Arbeitsqualität verbessern, weil wir dadurch die richtigen Prioritäten setzen werden. Wir haben deshalb eine kleine Gruppe von Mitarbeitern zu Design-Thinking-Coaches ausgebildet, die bei Bedarf zur Verfügung stehen.

Design Thinking entfaltet die meiste Kraft, wenn die Rahmenbedingungen für neue Ideen stimmen: die Teamzusammensetzung muss passen, das Umfeld muss kreativitätsfördernd sein. Design Thinking braucht Zeit und die Akzeptanz, dass »Fehler« produziert werden oder auch Ideen, die außerhalb des Kerngeschäfts liegen.

Jedes Kind trägt Kreativität in sich – viele von uns verlernen diese Fähigkeit jedoch im Zuge des Erwachsenwerdens, da unser Bildungssystem und unsere Arbeitswelt dies nicht fördern. Design Thinking ist eine Methode, um wieder Zugang zu unserer natürlichen Kreativität zu bekommen und diese in einen professionellen Kontext und in die Arbeitswelt zu überführen. Dies führt zu einer veränderten Arbeitskultur, die interdisziplinäres Arbeiten im Team fördert.

E. B.: Was würden Sie noch ergänzen oder sich noch wünschen?

R. S.: Ein Design-Thinking-Workshop endet üblicherweise mit der Übergabe eines durch Empathie perfekt getroffenen Geschenks an den Auftraggeber. Das Geschenk ist genau die Lösung, die er braucht. Allerdings besteht das Risiko, dass diese Lösung nie umgesetzt wird.

Ich hätte deshalb gern am Ende eine Art »Realisierungsfahrplan«, mindestens aber eine verbindliche Aussage über die nächsten Schritte. Man könnte auch ein »Steering-Komitee« gründen, das die Realisierung regelmäßig verfolgt.

Quellen

https://www.cio.de/a/15-technologie-trends-bis-2021,3260723 (30.06.17).

http://www.michelin.de/news-center/MICHELIN-Visionary-Concept-Nachhaltige-Rad-Reifenstudie-fuer-saubere-Mobilitaet (23.07.2017)

Sattler, Stefen/Schlusche, Julia/Madensoy, Hamit/Nitzsche, Nikolas/Nicolli, Rumeysa (2017): Ein Konzept für die Zukunft des MCTI, Studentische Seminararbeit an der Hochschule der Wirtschaft für Management (HdWM), Studiengang Management und Unternehmensführung, vorgelegt bei Prof. Dr. Esin Bozyazi, am 14.07.2017, unveröffentlicht.

www.cio.de

http://www.ioxp.de

4.4 Fallstudie III: Start-up ENMAZE

4.4.1 Firma und Geschäftsidee

Das Start-up ENMAZE in Stuttgart bietet Escape Games, auch Escape Rooms genannt, für Gruppen und Familien an. Ein Team, bestehend aus zwei bis sieben Personen, hat maximal 60 Minuten Zeit, einen versteckten Schatz zu finden. Mit Kombinationsgabe, Einfallsreichtum und Teamgeist muss das Team alle Rätsel lösen und versteckte Mechanismen sowie Herausforderungen bewältigen. Zur Auswahl stehen verschiedene Szenarien und Räume – weiterführende Informationen siehe unter www.enmaze.de.

ENMAZE wurde im Jahr 2015 von Patrick Österreicher und Alexander Zorn gegründet. Beide sind leidenschaftliche Spieler. Zudem hat Patrick Österreicher gute Kenntnisse im Bereich des Eventmanagements, Alexander Zorn eine Schreinerausbildung und Erfahrungen als Bühnenbildner.

Prof. Faltin beschreibt einen ersten Baustein für ein gutes Entrepreneurial Design unter »Stimmig zur Person« (Faltin 2015, S. 123): »Jeder Mensch sollte möglichst das tun, was er gerne tut, was ihm Sinn macht, ihm Befriedigung gibt und er mit Begeisterung und Leidenschaft betreibt (Faltin 2015, S. 271-272).«

Idee und Struktur

Einleitung

Business-Design-Rad

Ecosystem und Network

Fallstudien

Ausblick

Stichwortregister

Autorin

Beitragsautoren

Danksagung

Genau diese Vorstellung wollten die beiden ENMA-ZE-Gründer in ihrem Geschäftsmodell umsetzen. Es waren die Beobachtungen in der Spielerszene sowie eigene Erfahrungen der beiden Gründer, die zur Idee führten, ein besonderes Spiel anzubieten. Es sollte kein Online-Spiel vor dem Computer sein, die Kommunikation mit anderen fördern und soziale Isolation vermeiden.

4.4.2 Design-Challenge für Geschäfts-modellinnovation

ENMAZE gründeten Patrick Österreicher und Alexander Zorn parallel zu ihrer Vollzeitbeschäftigung. Sie wollten damit Risiken minimieren und die erste Phase ohne Kredite finanzieren. Während der ersten beiden Jahre nahmen die Kunden das Angebot von ENMAZE sehr gut an. Deshalb mieteten sie 2017 ein zweites Stockwerk dazu, um die Spiele in weiteren Räume anbieten zu können. Zudem wurden alle Prozesse optimiert und die Preise angepasst. Die Geschäftsentwicklung befindet sich in der zweiten Phase – mit der Skalierung des Geschäftes und der Diversifizierung des Leistungsangebots. In dieser Phase müssen Antworten auf folgende Fragen gefunden werden:

- Wie kann ENMAZE das Angebot auf Business-to-Business-Kunden ausweiten?
- Wie kann die Firma skalieren?

Die Gründer zogen eine weitere räumliche Ausdehnung des Geschäftes in Erwägung, hatten dafür jedoch noch kein Geschäftsmodell. Deshalb suchten sie Beratungsmöglichkeiten in der Start-up-Szene und beschlossen, an einem Business-Design-Workshop teilzunehmen. Sie entschieden sich für das Angebot der beiden Universitäten HDWM Mannheim sowie SRH Heidelberg. Beide Hochschulen bieten Beratung für Start-ups in Baden-Württemberg an.

Am Gründer-Institut der SRH Hochschule Heidelberg arbeiten mehr als 20 Projektteams und Start-ups an flexiblen und festen Arbeitsplätzen, tauschen sich untereinander regelmäßig aus und nehmen die vom Institut angebotenen Beratungs- und Coaching-Angebote in Anspruch.

ENMAZE hat an einem jeweils eintägigen Workshop in Heidelberg am Gründer-Institut der SRH Hochschule Heidelberg und in den Geschäftsräumen in Stuttgart teilgenommen.

Workshop-Schwerpunkte waren die Verinnerlichung des Mindsets des Design-Thinking-Ansatzes und die Nutzung von Netzwerken der Start-up-Szene sowie allgemein die Ideengenerierung für ihre Geschäftsmodelle.

Am ersten Tag des Workshops nahmen neben den ENMAZE-Gründern weitere Gründer an dem Workshop des SRH-Gründer-Instituts teil. Zu den Feedback-Experten gehörten auch der Leiter des Instituts, Prof. Dr.-Ing. Rüdiger Fischer, und der wissenschaftliche Mitarbeiter Felix Kirschstein. An diesem Tag konnten zudem Teilnehmer anderer Start-ups mit realen Problemstellungen die Design-Thinking-Prozessschritte nachvollziehen und zusätzlich mit eigenen Fragestellungen neue Ansätze und Tools kennenlernen. Das Networking und die Zusammenarbeit aller Workshop-Teilnehmer war geprägt von Win-Win-Situationen – und das unabhängig davon, ob es sich um Teilnehmer oder Feedback-Experten handelte. Durch die gegenseitige Hilfe lernten die Start-up-Gründer in dem Workshop im Detail eine neue Facette des Design-Thinking-Ansatzes kennen, das sogenannte »Network Thinking«: Start-ups können einander bei speziellen Problemen helfen und von den Erfahrungen der anderen profitieren. Alle Workshop-Teilnehmer tauschten sich rege aus, suchten, diskutierten und fanden neue Lösungsansätze.

Der Ablauf sowie die Ergebnisse dieses Workshops werden im Folgenden beschrieben.

ENMAZE plante von Anfang an für die Skalierung die Eröffnung weiterer Escape Rooms in anderen Städten Deutschlands, aber auch in anderen Ländern. Zudem sollte nach dem Rotationsprinzip die jeweilige Raumnutzung in den Städten in regelmäßigen Abständen wechseln. Als erste Stadt war Heidelberg vorgesehen, da ein weiterer Gründer, Oliver Schlenker, aus Heidelberg dazugekommen war. In der Testphase wurde eine mobile ENMAZE-Version in den Vordergrund gerückt.

Die Skalierung des bisherigen Geschäftsmodells, also die Ausarbeitung eines tragfähigen Ideenkonzepts für neue Geschäftsfelder, war die Aufgabe des zweiten Workshops (Faltin 2015, S. 115).

4.4.3   Ablauf des Workshops

Der Workshops durchlief drei Phasen:
1. Ideation,
2. Core-Value-Proposition-Rad,
3. Business-Model-Canvas.

Das Gründerteam hatte über viele Ideen zu Skalierung und Produkterweiterung bereits im Vorfeld diskutiert. Deshalb wurden zunächst alle Workshop-Teilnehmer auf einen gemeinsamen Kenntnisstand gebracht. Danach

Idee und Struktur

Einleitung

Business-Design-Rad

Ecosystem und Network

Fallstudien

Ausblick

Stichwortregister

Autorin

Beitragsautoren

Danksagung

Abb. 4.11: Workshop I am SRH-Gründerinstitut Heidelberg

sollten zusammen mit dem Gründerteam neue Ideen generiert, präsentiert und Schwerpunkte festgelegt werden. Für die besten sollten in der Folge Business-Design-Konzepte ausgearbeitet werden.

Teilnehmer: An dem Workshop nahmen der Geschäftsführer Patrik Österreicher, der neue Partner Oliver Schlenker, der Kooperationspartner Florian Kuzler und eine Mitarbeiterin von ENMAZE teil.

Ideation

Wie bereits im Kapitel 2.2 beschrieben, konnte jeder Schritt des Design-Thinking-Prozesses einzeln angewendet werden. Die Teilnehmer starteten mit der Ideenengenerierung und führten ein fünfminütiges Brainstorming durch. Anschließend wurden die Ideen der Gruppe vorgestellt und nach den Regeln des Design Thinking sortiert. Die besten Ideen wurden nach einem Punktesystems ausgewählt, und diese Ideengruppen werden weiter bearbeitet:

- ENMAZE vertreibt ein neues GPS-Outdoor-Teamspiel mit modernster Augmented-Reality-Technologie mit einer Lizenz in Heidelberg an B2B-Kunden in Heidelberg (Zielgruppe: Stadt Heidelberg, private Hochschulen und private Unternehmen).
- Teamtraining mit einem umfassenden Beratungsservice in ENMAZE-Räumen in Stuttgart.

Nach der Proof-of-Concept-Phase dieser beiden Ideengruppen sollten gegebenenfalls weitere Ideen berücksichtigt werden.

Kundenpersona für Core Value

Das Workshop-Team erstellte ein Core-Value-Proposition-Rad, das mit Vorschlägen zu den beiden oben genannten Ideengruppen befüllt werden sollte. Für das ausgewählte Kundensegment der Firma ENMAZE, nämlich einen B2B-Kunden (eine Organisation, ein Unternehmen oder aber auch eine Universität) sollte zudem eine Persona entwickelt werden.

Berechtigte Fragen in diesem Zusammenhang sind, ob es einen generellen Unterschied zwischen B2C- und B2B-Kunden gibt, und ob man auch für ein Unternehmen eine Persona gestalten kann?

Im Allgemeinen ist der B2B-Einkäufer anspruchsvoller als ein Konsument bei einem Erledigungseinkauf. Er trägt die Verantwortung für die Richtigkeit seiner Einkaufsentscheidungen gegenüber dem Unternehmen und sucht deshalb nach umfassender Information und nach Sicherheit bei seinen Entscheidungen. Der Vorteil für den B2B-Anbieter liegt darin, dass das Einkaufsverhalten seiner Kunden in höherem Maße vorhersehbar ist, als dies für Konsumenten gilt.

Natürlich gibt es einen Unterschied – wir sprechen jedoch auch im Unternehmen von Menschen und diese haben, wenn der Aufgabenbereich ähnlich ist, Hauptaufgaben sowie ähnliche Pains und Gains. Zudem gibt es in jedem Unternehmen eine Entscheider-Unit. Anders als beim B2C sollen Prozesse weitgehend organisiert und rationalisiert werden aufgrund von Unternehmensvorgaben (z. B. Budget) oder strukturierten Abläufen (z. B. Ausschreibungen) sowie aufgrund der Entscheidungsverteilung auf mehrere Beteiligte (Entscheider-Unit). Doch gibt es auch in Unternehmen Einflussnahmen von Dritten, nicht exakt gelöste Rechenaufgaben und auf Gewohnheiten basierende individuelle Verhaltensweisen.

Im B2B gilt genauso wie im Konsumentengeschäft: Nur wer seine Kunden und deren Bedürfnisse genau kennt und versteht und wer Produkte entwickelt, die diesen Bedürfnissen genau entsprechen, hat wirklich nachhaltigen Erfolg (vgl. https://www.b2binternational.de/veroeffentlichungen/erfolgreiches-b2b-marketing/).

Für ENMAZE wurde zunächst eine Persona für den Vertrieb des GPS-Outdoor-Spiels in Heidelberg entwickelt. Diese Persona ist Dr. Mareike Müller, 45 Jahre alt und Marketingleiterin einer privaten Hochschule. Sie hat eine Tochter, für die sie wenig Zeit hat, da sie oft Veranstaltungen für Unternehmen (Partner der Hochschule für Praktika, Case-Studies und Open Innovation) organisieren und begleiten muss. Darüber hinaus organisiert sie samstags Informationsveranstaltungen für Schüler und Eltern und stellt die Hochschule auf Bildungsmessen vor. Trotz ihrer Mitarbeiter und Hilfskräfte funktioniert offensichtlich nichts ohne sie. Immer wieder teilen ihr Mitarbeiter, Studienbewerber und Professoren mit, welche

Idee und Struktur

Einleitung

Business-Design-Rad

Ecosystem und Network

Fallstudien

Ausblick

Stichwortregister

Autorin

Beitragsautoren

Danksagung

Probleme sie mit den Infoveranstaltungen, deren Ablauf oder Inhalt haben. Zudem übt der Rektor sehr viel Druck auf sie aus, weil die Studentenanzahl zu niedrig ist. Auch die Partnerunternehmer der Hochschule möchten sich besser darstellen und positionieren, tun jedoch wenig dafür. Frau Dr. Müller liebt ihren Job, findet aber keine Zeit für ihre Tochter und ihre Beziehung. Sie wünscht sich eine bessere Work-Life-Balance.

Erstellung eines Core-Value-Proposition-Rads (CVP-Rad)

Der Innenkreis des CVP-Rads beschreibt die täglichen Aufgaben der Kunden (Persona) in ihrem sozialen Umfeld: »Jobs to be done«. Zudem werden ihre Probleme und Schmerzen im Pains–Bereich aufgeführt, ihre Wünsche bzw. der Zusatznutzen hingegen im Gains-Bereich.

Die Aufgabe des Core Values muss festgelegt werden. Was muss im äußeren Kreis, in den drei Bereichen Pain-Killer, Gain-Creator sowie Produkte und Services dafür verändert werden?

- Im Bereich der Pain-Killer werden die relevanten Probleme und Schmerzen der Persona gemildert oder vollständig beseitigt.
- Im Bereich Gain-Creator werden noch offene Wünsche erfüllt und zusätzlicher Nutzen generiert, die dann mit dem Produkt bzw. den Services mitgeliefert werden.
- Letztendlich werden Produkte und Services zu einem Paket zusammengeschnürt, in dem all die Bedürfnisse des »Job to be done« befriedigt, zusätzliche Wünsche erfüllt und Probleme beseitigt werden.

Im nächsten Schritt müssen alle Annahmen, die unsere Persona betreffen, gelistet, priorisiert und anschließend bei echten Kunden validiert werden. Da dieser Schritt in dem eintägigen Workshop nicht umgesetzt wurde, nimmt ihn das Gründerteam als Hausaufgabe mit. Nach Festlegung der Core-Value-Proposition werden die Kundensegmente und der dazugehörige Core Value in die Business-Model-Canvas übertragen.

Business-Model-Canvas – die erste Strategie für ein Geschäftsmodell

Bei der Business-Model-Canvas zeigte sich schnell, dass nicht nur Kundensegmente für B2B-, sondern auch B2C-User berücksichtigt werden müssen. Die User erhalten das Angebot im Rahmen der B2B-Events zwar kostenlos, haben jedoch durch ihre aktive Teilnahme einen starken Einfluss auf den Erfolg des Produkts. Deshalb musste

Abb. 4.12: Core-Value-Proposition-Rad

Idee und
Struktur

Einleitung

Business-
Design-Rad

Ecosystem
und Network

Fallstudien

Ausblick

Stichwort-
register

Autorin

Beitrags-
autoren

Danksagung

auch für diese Zielgruppe eine Persona entwickelt sowie für den Mehrwert des Endkunden ein Core-Value-Propositon-Rad ausgearbeitet werden. Auf diese Weise konnte der Mehrwert auch bei B2B-Kunden besser und deutlicher kommuniziert werden.

In Heidelberg wurden neben privaten Hochschulen auch Unternehmen sowie NGOs als Kundensegment aufgenommen. Alle neun Bereiche der Business-Model-Canvas wurden nacheinander ausgearbeitet, und die Hypothesenliste mit Prioritäten versehen. Im nächsten Schritt

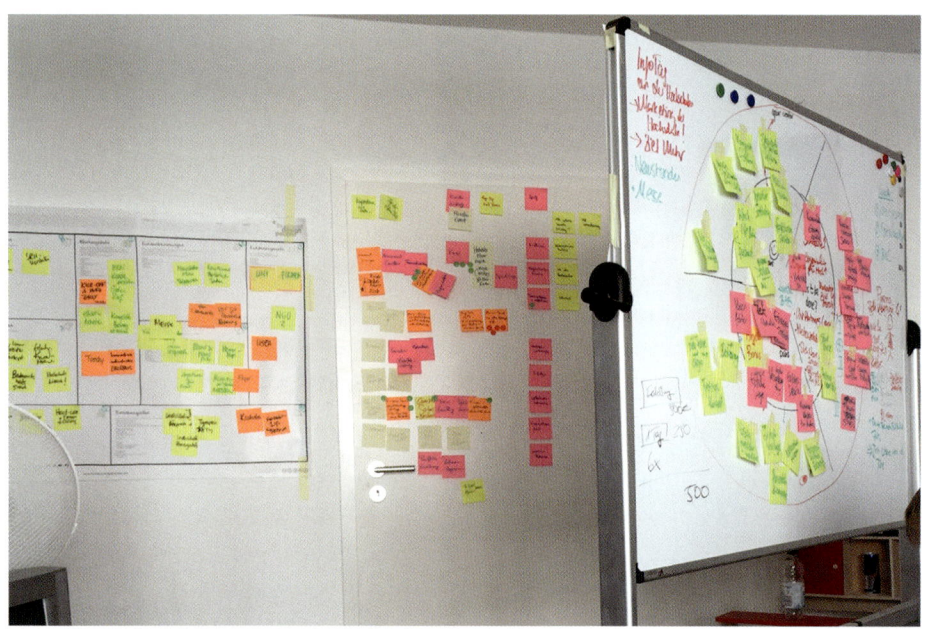

Abb. 4.13: Workshop II – ENMAZE in Stuttgart

mussten diese Hypothesen getestet werden, zudem die bisherigen Branchen-, Markt-, Konkurrenz- und Trendanalysen von ENMAZE auf der Grundlage der neuen Kundensegmente erneut und detailliert durchgeführt werden.

Auch für die zweite Geschäftsidee, das »Teamtraining«, wurden die Persona und beide Tools (Core-Value-Proposition-Rad und Business-Model-Canvas) eingesetzt. An dem Workshop nahm Florian Kuzler, Systemischer Coach, als neuer Partner von ENMAZE teil. Seine

Idee war, die Teamtrainings in den ENMAZE–Räumen in Stuttgart durchzuführen und den Unternehmen einen gesamtheitlichen Beratungsservice anzubieten.

Das Teamtraining dient dazu, Einflussfaktoren wie z. B. verbale und nonverbale Kommunikation sowie das Verhalten, die zirkulär wechselwirkend sind, durch Beobachtung und Reflexion bewusst werden zu lassen. Somit sind sie für das Team nutzbar oder gegebenenfalls veränderbar.

Die hier dargestellten Arbeitsschritte des Business-Design-Workshops bilden die erste Stufe bzw. einen ersten Prototyp für dieses Konzept. Auf diese Weise wird für eine Geschäftsidee schnell ein strategisches Business-Model-Konzept erstellt, das mit vielen Annahmen (Hypothesen) verbunden ist. Diese Hypothesen müssen sowohl im Core-Value-Proposition-Rad als auch in der Business-Model-Canvas gelistet und priorisiert werden. Anschließend werden alle wichtige Hypothesen an richtigen (echten) Kunden getestet und die Ergebnisse in die Business-Model-Canvas eingetragen. Dieses Vorgehen wird so lange wiederholt, bis für eine neue Idee ein tragfähiges Geschäftsmodell entsteht.

4.4.4 Die Ergebnisse des Workshops

Zusammenfassend werden nachfolgende Ergebnisse festgehalten.

* Das »mobile« ENMAZE-Angebot wird in exklusiver Lizenz in Heidelberg vertrieben. Das Spiel kombiniert die besten Elemente aus Schnitzeljagd, GPS-Geocaching und Live-Escape-Game mit modernster Augmented-Reality-Technologie zu einem neuen GPS-Outdoor-Teamspiel. Dabei gehen die Spieler an Orte, die vorher per GPS festgelegt wurden (zum Beispiel in der Innenstadt, auf einem Hochschulcampus oder einem Firmengelände). Hier finden sie Hinweise, kombinieren Gegenstände, lösen knifflige Rätsel und erreichen schlussendlich das Ziel bzw. erfüllen ihre Mission. Das Spielkonzept kann auf die individuellen Kundenwünsche angepasst werden und lässt sich in verschiedene Kontexte integrieren. So ist es zum Beispiel möglich, das Konzept für ein Unternehmen anzupassen, das im Rahmen einer Kick-off-Veranstaltung seine Mitarbeiter für ein neues Projekt begeistern möchte. Auch können Unternehmen bei einer großen Firmenveranstaltung für B2B-Kunden – wie zum Beispiel einem Händlerevent – den Veranstaltungsort bespielen und den Händlern neue

Idee und Struktur

Einleitung

Business-Design-Rad

Ecosystem und Network

Fallstudien

Ausblick

Stichwortregister

Autorin

Beitragsautoren

Danksagung

Produktinformationen spielerisch durch ein unvergessliches Erlebnis näherbringen. Die verschiedenen Rätselelemente, die speziell für das Unternehmen entwickelt werden, stehen in unmittelbarem Zusammenhang mit dem Veranstaltungsziel und führen die Mitarbeiter spielerisch an das Projekt/die Produkte heran. Bei der Erstellung der Rätsel wird größter Wert auf kooperative Rätselelemente gelegt, die nur in Zusammenarbeit aller Teammitglieder gelöst werden können. Beispielsweise kann die Loyalität der Händler dadurch verstärkt werden.

- Das Gründerteam hat sich für den ersten Prototyp an einer Hochschule entschieden: Als nächstes generiert ENMAZE ein für alle Informationsveranstaltungen an einer Hochschule angepasstes Spiel. Dies kann auch für das innovative und spielerische Erlebnis am ersten Tag an der Hochschule (erstes Campus-Erlebnis) verwendet werden. Somit können Hochschulen ENMAZE mit der gesamten Organisation des Events (Informationstag und erster Tag) beauftragen und damit Endkunden ein innovatives und spielerisches emotionales Erlebnis zum Lernen bzw. Kennenlernen anbieten.

ENMAZE begann sofort, an dem Business Model-Design zu arbeiten und alle Hypothesen zu testen. Aufgrund des bestehenden Netzwerks hat die Pilotphase an einer Hochschule in Heidelberg begonnen und die Erfahrungen von ersten Tests werden in das Business Model integriert sowie weiter am Design gearbeitet.

- Die zweite Geschäftsidee »Teamtraining mit einem umfassenden Beratungsservice« für Unternehmen befindet sich in der Testphase. Parallel dazu ist ein Konzept für die Mitarbeiter eines Hotelbetriebs in Vorbereitung. In dieser Pilotphase für Teamtraining wird ein »innovatives Kollaborations-Testspiel für Teams« angeboten:

Für eine funktionierende effektive Teamarbeit ist ein gemeinsames Ziel eine notwendige Bedingung. Dient die Arbeit der Zielerreichung, ist das ein Zeichen für die gute Qualität der Teamarbeit. Ist die Qualität nicht zufriedenstellend und zeichnet es sich ab, dass das Ziel nicht erreicht wird, ist eine Untersuchung der Einflussfaktoren (Kommunikation und Verhalten im Team) hilfreich. In einem gemeinsamen Gespräch sucht das Team nach Verbesserungsmöglichkeiten und deren Umsetzung. Dafür werden die Konzepte für ein- bis zweitägige Teamtrainigs ausgearbeitet, die von professionellen Coaches begleitet werden. Dabei werden die Ergebnisse der Teamtrainings und die für Veränderungen erforderlichen Maßnahmen

4

definiert und als Service individuell und je nach Wunsch angeboten.

Weitere Informationen über ENMAZE und neue Angebote für Firmen siehe unter: http://www.enmaze.de

Quellen

Faltin, Günter (2015): Wir sind das Kapital, Hamburg.
Weinberg, Ulrich (2016): Network Thinking, Hamburg.
http://www.cluetivity.com/de/
http://www.enmaze.de

5   Ausblick

Die einzelnen Bereiche des Business-Design-Rads stellen die Rahmenbedingungen sowie Tools für Veränderungen dar, mit denen das Business-Design-Rad in Bewegung bleibt und das Unternehmen oder Start-up kontinuierlich innovatorisch tätig ist. Veränderungen müssen von den Entscheidungsträgern getragen und von allen Mitarbeitern verinnerlicht werden, damit die hier dargestellten Business-Design-Ansätze »Früchte« tragen können.

Wie wir am Beispiel eines Apfelbaums zeigen, müssen wir uns mit seinen Lebensbedingungen auseinandersetzen:
- Welchen Samen pflanzen wir ein? (Design of People)
- Wann, wie oft und wie viel Wasser benötigt er? (Design of Prozess)
- Welche Erde ist für ein gesundes Wachstum erforderlich? (Design of Place)
- Wie viel Sonne und Schatten braucht der Baum? (Design of Culture)
- Was haben wir mit dem Baum vor, wollen wir seine Früchte essen, aus den Früchten Marmelade herstellen oder das Holz verwenden? (Design of Core Value)

- Wie viel Zeit brauchen wir für unseren Apfelbaum? (Design of Change)
- Zudem müssen wir wissen, wer uns beim Pflanzen, Pflegen sowie bei der Verwertung der Früchte und des Holzes unterstützen und helfen kann? (Design of Network).

Dieses Buch lädt Sie dazu ein, Veränderungen mit den Business-Design-Ansätzen zu begegnen, innovativ zu werden und zu bleiben. Sie entscheiden, ob Sie das, was wir Ihnen hier anbieten, nutzen und auch für Ihre Bedürfnisse anpassen oder sogar weiterentwickeln. Das Wachstum wird durch den Zusatz eines Business-Design-Managementsystems nicht nur möglich, sondern nachhaltig: Durch Human Centered Design stellen wir Personen (einerseits Mitarbeiter, andererseits Kunden) in den Mittelpunkt unseres Handelns. Diese große Veränderung der Mindsets bringt auch kulturelle Veränderungen mit sich. Mitarbeiter verinnerlichen Mindsets unterschiedlich schnell, zudem müssen ihre jeweiligen individuellen Anforderungen berücksichtigt werden. Durch unternehmensinterne, gezielte Maßnahmen (des

Idee und Struktur

Einleitung

Business-Design-Rad

Ecosystem und Network

Fallstudien

Ausblick

Stichwortregister

Autorin

Beitragsautoren

Danksagung

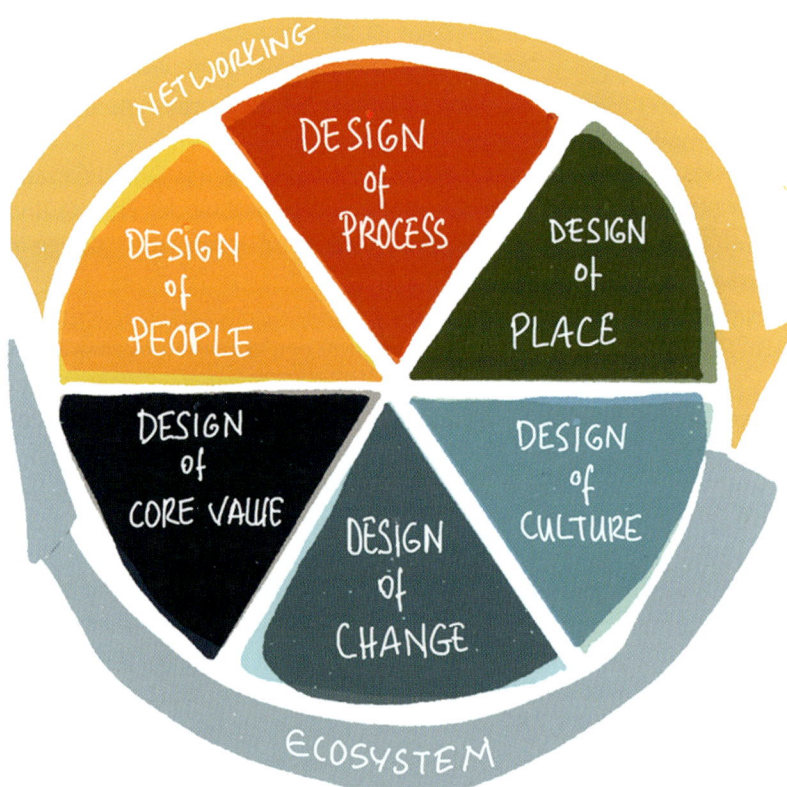

5

Human Resource-Managements) wie z.B. dem Design-Thinking-Ansatz kann die Verinnerlichung schneller in Gang gesetzt werden.

Bringen Sie Ihr Business-Design-Rad zum Laufen!

Stichwortregister

Idee und
Struktur

Einleitung

Business-
Design-Rad

Ecosystem
und Network

Fallstudien

Ausblick

Stichwort-
register

Autorin

Beitrags-
autoren

Danksagung

147

Idee und
Struktur

Einleitung

Business-
Design-Rad

Ecosystem
und Network

Fallstudien

Ausblick

Stichwort-
register

Autorin

Beitrags-
autoren

Danksagung

Idee und
Struktur

Einleitung

Business-
Design-Rad

Ecosystem
und Network

Fallstudien

Ausblick

Stichwort-
register

Autorin

Beitrags-
autoren

Danksagung

Autorin

Prof. Dr. Esin Bozyazi ist seit 2013 Professorin für Entrepreneurship an der Hochschule der Wirtschaft für Management in Mannheim. Sie unterrichtet dort u. a. Design Thinking im Projektmanagement. In ihrem eigenen Beratungsunternehmen »Crossover Projects« entwickelt sie für internationale Unternehmen und Start-ups innovative Geschäftsmodelle und hält Business-Design-Workshops. Ihr persönliches Anliegen ist, »Kreativität im Business« zu fördern.

Geboren und aufgewachsen in Istanbul, studierte sie Wirtschaftsingenieurwesen an der Technischen Universität Istanbul, anschließend Betriebswirtschaftslehre an der Universität Stuttgart. 2000 promovierte sie in Volkswirtschaftslehre an der Ludwig-Maximilians-Universität München, war danach mehrere Jahre im Bereich Consulting sowohl in mittelständischen Unternehmen als auch in Großunternehmen tätig sowie Geschäftspartnerin einer Kunstgalerie in München.

Idee und Struktur

Einleitung

Business-Design-Rad

Ecosystem und Network

Fallstudien

Ausblick

Stichwortregister

Autorin

Beitragsautoren

Danksagung

Beitragsautoren

Professor Wolfgang Grillitsch lebt in Pörtschach am Wörthersee und in Stuttgart, wo er an der Hochschule für Technik als Studiendekan den International Master of Interior Architecture Design (IMIAD) leitet. An der Schnittstelle von Architektur und Szenografie entwickelte und verfeinerte er Kreativ-Techniken, die er in zahlreichen Projekten erfolgreich umgesetzt hat. Zusammen mit seiner Frau Elke Knöß-Grillitsch betreibt er das Studio Peanutz-Architekten.

Katrin Redmann ist bei SAP im Bereich University Alliances als Country Manager DACH, Innovation Lead, Design-Thinking-Coach und Business-Modell-Innovation-Coach verantwortlich für Innovation, Entrepreneurship und Design, sowie strategische Digital-Transformation-Projekte mit Kunden, Studenten, Start-ups und Universitäten. Sie unterrichtet am Karlsruher Institut für Informationstechnologie Design Thinking.

Kerstin Schenk, München, arbeitet in der Fort- & Weiterbildungsbranche, absolvierte ein Studium der Kulturwissenschaften an der Ludwig-Maximilians-Universität München und einen Masterstudiengang Marketing Management an der Steinbeis School of Management and Innovation in Berlin. Sie beschäftigt sich schon seit 2003 mit Gestaltgesetzen und der Wirkung von Design auf den Menschen.

Dominique Stroh arbeitet als Abteilungsleiterin für GULP Information Services GmbH, ein international bekanntes Beratungshaus. Sie bringt agiles Arbeiten in die Personaldienstleistung/Personalberatung, unterstützt regelmäßig als Dozentin Hochschulen, ist als Speaker auf Konferenzen vor allem in der Start-up-Szene aktiv und veröffentlichte bereits mehrere Artikel.

Thorsten Wolf ist Betriebswirt, Systemischer Berater, Coach, Honorardozent und hat mehr als 15 Jahre Erfahrung in der Kompetenzentwicklung von Führungskräften und der Einführung neuer Methoden in Organisationen. Er ist Initiator des agilen Netzwerks AUGENHÖHE Rhein-Neckar und veranstaltet mit seiner Beratungsfirma Agile4Work regelmäßig Workshops zu »Agiler Führung«.

Danksagung

Ich danke herzlich Herrn Prof. Dr. Michael Nagy, Rektor an der Hochschule der Wirtschaft für Management, der mir den Freiraum zur praxisorientierten Projektarbeit ermöglicht hat.

Allen beteiligten Firmen der Fallstudien danke ich für die Offenheit und Bereitschaft für das Buchprojekt. Für das Engagement bei den Fallstudien bedanke ich mich recht herzlich bei meinen Studenten des sechsten Semesters im Studiengang Management und Unternehmensführung sowohl im Herbst 2016/2017 als auch im Sommer 2017.

Für das Lektorat und die inhaltlichen Diskussionen danke ich herzlich Herrn Frank Katzenmayer und für die sehr genaue und kritische Durchsicht des Manuskripts Frau Adelheid Fleischer.

Allen Beitragsautoren, insbesondere Frau Katrin Redmann, die mich bei der Umsetzung der Workshops unterstützt hat, danke ich sehr.

Meinem Lebenspartner Herrn Wolfgang Benz, dem ich für seine unaufhörliche Unterstützung sehr dankbar bin, sei dieses Buch gewidmet.

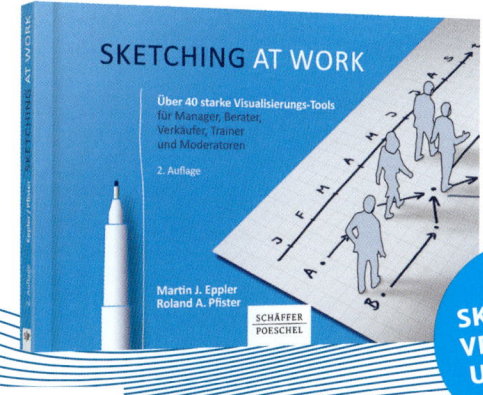

Ihr Feedback ist uns wichtig!
Bitte nehmen Sie sich eine Minute Zeit

www.schaeffer-poeschel.de/feedback-buch

SCHÄFFER
POESCHEL